GALAXIA ANTENNAE

Las galaxias NGC 4038 y NGC 4039 se fusionan para dar nacimiento a una nueva supergalaxia.

CLAVES DE LA CIENCIA

CLAVES DE LA CIENCIA

NUESTRO LUGAR EN EL UNIVERSO

1 El Universo sin fin

UN SATÉLITE POR EINSTEIN

Buscando confirmar la teoría de la relatividad, el satélite Gravity Probe B fue lanzado al espacio el 20 de abril de 2004, desde la base Vanderberg de la fuerza aérea estadounidense, en la costa californiana.

CLAVES DE LA CIENCIA

CÓMO LEER ESTA OBRA

Una obra de divulgación científica que se adentra en los grandes temas de la ciencia y la tecnología, deteniéndose de manera especial en el mundo actual. Pensada para aproximar al gran público las temáticas más interesantes de la ciencia, desde los comienzos del Universo y la formación de la Tierra hasta la manipulación genética. Una colección dirigida y supervisada por Eduardo Punset.

LA COLECCIÓN

Se compone de veinte libros y se estructura en cinco series temáticas.

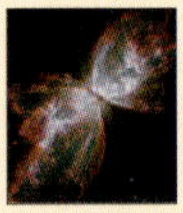

NUESTRO LUGAR EN EL UNIVERSO

Vol. 1: El Universo sin fin
Vol. 2: La formación de la Tierra
Vol. 3: El origen de la vida
Vol. 4: La evolución de las especies
Vol. 5: El origen del ser humano

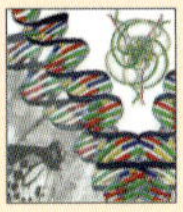

VIVIR MÁS, VIVIR MEJOR

Vol. 6: La investigación médica
Vol. 7: Inmunología y farmacología
Vol. 8: La revolución genética
Vol. 9: Clonación y células madre

GESTIÓN SOSTENIBLE DEL PLANETA

Vol. 10: Explotación de recursos naturales
Vol. 11: El cambio climático
Vol. 12: Las fuerzas de la naturaleza
Vol. 13: Principios de sostenibilidad

NUEVOS MATERIALES

Vol. 14: Materiales y tecnología
Vol. 15: De la medicina a la aeronáutica
Vol. 16: Nuevas tecnologías

LA ERA DIGITAL

Vol. 17: Del átomo al bit
Vol. 18: El lenguaje computacional
Vol. 19: La sociedad de la información
Vol. 20: La tecnología de la comunicación

20 VOLÚMENES

Cada volumen recoge en sus textos e imágenes, en un lenguaje divulgativo y comprensible, las claves de temas científicos y tecnológicos presentes en el mundo de hoy

SUMARIO

Nos permite localizar en el volumen no sólo los capítulos que lo forman, sino la ubicación de los perfiles biográficos, las infografías y todos los elementos que enriquecen la presentación del tema tratado.

SUMARIO
Nuestro lugar en el Universo
El Universo sin fin

PRÓLOGO

Texto de Eduardo Punset, divulgador científico, escritor y director de la colección que pone el acento en los temas más significativos de cada volumen.

Prólogo

INTRODUCCIÓN

Sitúa al lector ante los contenidos del libro que se desarrollan en profundidad en los capítulos.

TEXTO CENTRAL

Distribuido por capítulos, se enriquece con DESTACADOS y FICHAS que desarrollan un aspecto, una biografía o una cuestión que merece especial atención.

GRÁFICOS

Ayudan a comprender y profundizar en la importancia de determinados datos.

FICHAS

Aportan información extra acerca de contenidos puntuales para profundizar en su comprensión.

FOTOGRAFÍAS

Han sido seleccionadas entre las más significativas y esclarecedoras.

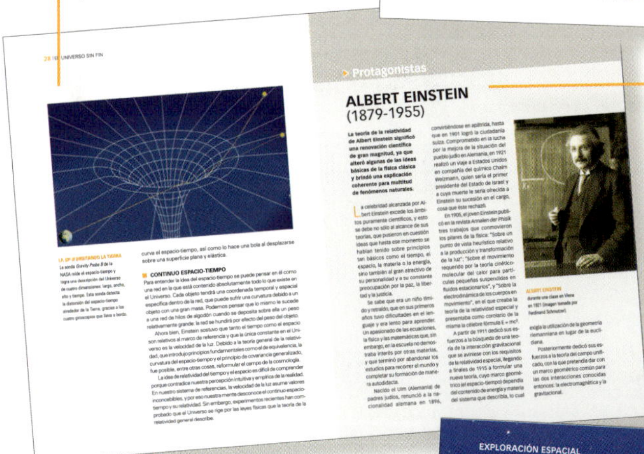

PROTAGONISTAS

Es el espacio dedicado al trabajo científico de los grandes personajes, tanto desde su vertiente biográfica como por sus investigaciones.

INFORMES VISUALES

Son un esfuerzo visual de síntesis que explican mediante una ilustración y textos de apoyo explicativos lo más relevante del tema tratado.

ÍNDICE ONOMÁSTICO

Una herramienta muy práctica que ayuda a localizar todos los nombres que se incluyen en el volumen.

BIBLIOGRAFÍA

Una selección de libros y fuentes de referencia que sirven al lector para profundizar en cada tema.

Edición
Centro Editor PDA, S. L.

Dirección y prólogo
Eduardo Punset

Supervisión científica
Agencia Planetaria, S. A.

Realización editorial y contenidos
Coordinación general: Alejandro Ulloa
Dirección científica: Leonardo Moledo
Diseño y maquetación: Nicolás Luna; Rodolfo Luna; Christian Mauro; Ricardo Cambra
Textos y corrección: Daniel Arias; Mariano Belaich; Mariana Belizan; Eugenia Blanco; Stella Fernández; Vanesa Fernández; Ana Fleisner; Guillermo González; Vera Giaconi; Carmen Güiraldes; Gisela Miliani; Silvina Muscolo; Nicolás Olszevicki; Jorge Orovitz; Laura Peña; Emilio Platzer; Andrea Spangaro

Diseño de cubiertas
ZAC diseño gráfico

Ilustraciones e infografías
Martín Bustamante; Diego Martín, Dársena 54; Laura Burstein; Matías Costilla

Fotografías
Anglo-Australian Telescope Board; Bodleian Library Oxford; Corbis; European Organization for Nuclear Research; European Southern Observatory; European Space Agency; Getty Images; Latinstock Collection; Instituto Max Planck, Alemania; NASA (The National Aeronautics and Space Administration); NASA/G. Bacon; NASA/ESA (The National Aeronautics and Space Administration / The European Space Agency); Photos.com; The National Archives and Records Administration; Wikipedia Creative Commons

Fotografía de Eduardo Punset
© Marina Cano

Impresión
Gráficas Estella, S. A.

ISBN obra completa: 978-84-674-9917-9
ISBN (Vol. 1): 978-84-674-9918-6
Depósito Legal: NA-2801-2010

Impreso en España-Printed in Spain

Serie
Nuestro lugar en el Universo

1 El Universo sin fin
La génesis de los elementos. Exploración del sistema solar

2 La formación de la Tierra
La formación de nuestro planeta. Tectónica global

3 El origen de la vida
De la síntesis prebiótica a los primeros homínidos

4 La evolución de las especies
Del creacionismo al evolucionismo. La selección natural darwiniana y su explicación genética actual

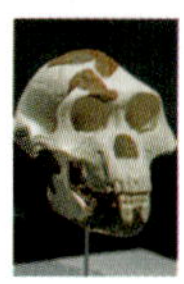

5 El origen del ser humano
De los homínidos fósiles al *Homo sapiens*. Los cambios genéticos condicionantes de la especie humana

IMAGEN DE CUBIERTA
Captada por el *Telescopio Espacial Hubble* el 10 de abril de 2001, en esta fotografía se aprecian las nubes de polvo y los brazos de la espiral de la galaxia Whirlpool (M1 o NGC 5194), que se encuentra en el borde superior de la galaxia NGC 5195.
© Archivo Planeta

SUMARIO

Nuestro lugar en el Universo

El Universo sin fin

Prólogo

EDUARDO PUNSET
Divulgador científico y escritor

Desconozco el porqué de la manía que tienen los homínidos de creerse el centro de todo. Es una de las tantas creencias heredadas que quizá pueda rastrearse hasta los tiempos en que nuestros antepasados nómadas requerían tener en su periferia cercana todos los recursos necesarios para su supervivencia.

Uno de los motivos por los que decidí dirigir el programa "Redes" es porque me maravilla la valentía de la ciencia para derribar mitos que, a pesar de no soportar el menor escrutinio empírico, fueron encumbrados durante siglos como algunos de los dogmas más férreos. Difícilmente podamos encontrar un caso más paradigmático de lo que digo que el de la astrofísica.

Todo comenzó con Copérnico, quien asestó el primer golpe mortal al geocentrismo y desplazó al ser humano del centro del Universo. En su libro *Sobre las revoluciones de las esferas celestes* –cuyo primer ejemplar llegó de la imprenta a sus manos pocas horas antes de morir–, Copérnico sentó las primeras bases científicas del modelo heliocéntrico. El Universo conocido hasta entonces ya no giraba alrededor de la Tierra, sino del Sol.

Ya no éramos el centro de la creación...; sin embargo, nos quedaba el consuelo de que lo orbitábamos. Pero los astrónomos no tardaron en darse cuenta de que el Sol era apenas una estrella común y corriente –entre otras cientos de miles– en el extrarradio de nuestra galaxia. Más tarde vimos que incluso nuestra acogedora Vía Láctea era ordinaria. Según los cálculos astronómicos más modernos, el Universo observable alberga aproximadamente 170.000 millones de galaxias.

El Universo está en expansión, y el conocimiento que tenemos sobre él también lo está. Ahora sabemos que la cantidad ingente de materia que compone las galaxias, los agujeros negros supermasivos, las nebulosas, el polvo interestelar, las estrellas, los planetas, los océanos, los bosques e incluso la retina de los astrónomos que observan el cosmos..., todo ello junto, no suma más que el 4% del contenido absoluto del Universo. Todavía nos falta entender qué es el 96% restante. De momento, sólo sabemos que un 25% del Universo está compuesto de materia oscura –un tipo de materia invisible y que tiene gravedad como la materia ordinaria– y que un 71% es energía oscura –un tipo de energía misteriosa que está acelerando la expansión del Universo con una fuerza contraria a la de la gravedad–. Debido a la energía oscura, nuestros descendientes lejanos se aburrirán sobremanera al mirar por los telescopios. Dentro de muchos millones de años, las galaxias se habrán alejado tanto unas de otras que estarán totalmente fuera de nuestro campo de visión.

Ya no estamos en el centro de nada. Pero si rebuscamos en el saco voluminoso del antropocentrismo, todavía podremos encontrar un último consuelo: de momento, somos el único planeta del Universo que alberga seres vivientes. Dicen las buenas lenguas que el gran divulgador científico y astrónomo Carl Sagan murió de tristeza al descubrir que no había rastro de vida en el Universo, salvo la nuestra. Jamás podríamos compartir con otros nuestras vivencias y no sabríamos nunca lo que realmente somos, puesto que al ser el único ejemplo de vida en el Universo no íbamos a poder compararnos con otros y definirnos a nosotros mismos.

Carl Sagan estaría saltando de alegría si pudiese enterarse de las últimas y más avanzadas teorías cosmológicas que postulan que nuestro Universo es apenas uno más en una multitud infinita de otros universos. De hecho, Carl Sagan está saltando de alegría en otros universos donde existen personas idénticas a él –átomo por átomo– y con su misma historia –minuto a minuto–, pero que aún siguen vivos. Al menos, ésta es una consecuencia inevitable de estos modelos, como el que baraja Alex Vilenkin, uno de los cosmólogos más prestigiosos de la actualidad.

Estamos aludiendo a la versión más moderna de la famosa teoría de la inflación, postulada por Alan Guth –otro gigante de la física– para explicar cómo comenzó este enredo. Ya nadie duda del Big Bang que sucedió hace 13.700 millones de años. Pero todavía quedan algunos cabos sueltos en las primeras milésimas de segundo del momento inicial y que la teoría de Guth viene a atar.

Con todo el conocimiento acumulado sobre el Universo, sobresale una pregunta: ¿cómo es posible que el cosmos conjugue con gigantesca precisión las condiciones físicas justas y necesarias para el surgimiento de la vida? La respuesta está en el multiverso: si Vilenkin y compañía están en lo cierto, existe una infinitud de otros universos donde los valores de la física son distintos. En algunos de ellos, no existen estrellas ni galaxias, sólo una gigantesca nube de hidrógeno. Otros universos han implosionado a los dos minutos de su Big Bang, y en otros las partículas elementales nunca podrán agruparse para formar átomos. Pero en todos aquellos donde existan las condiciones necesarias, la vida surgirá como un imperativo y, quién sabe, estarán poblados de seres inteligentes.

Introducción

LA MURALLA DEL ESCULTOR

Situada aproximadamente a 400 millones de años luz de la Tierra, es un depósito de galaxias elípticas y espirales, lleno de gas intergaláctico caliente llamado WHIM por sus siglas en inglés (*Warm Hot Intergalactic Medium*), que ha sido captado por el *Observatorio de Rayos X Chandra*. Este descubrimiento es una fuerte evidencia de la "materia perdida" en el Universo temprano, de la que sólo se ha detectado hasta ahora la mitad.

Se ha llegado a lugares lejanos del Sistema Solar, se ha hurgado en la materia tratando de desvelar su constitución última y se ha mirado el cielo tan lejos como nunca creyó nadie que se podía llegar a ver. Vivimos una época donde todos los datos recogidos a través de sondas, satélites, ordenadores y aceleradores de partículas están al alcance del hombre común. No hace mucho la expectativa del público se centró en la existencia de lo que se dio en llamar la "partícula divina". Y aunque si bien momentáneo, este interés genuino despertado a partir de la red informática y de los medios de comunicación en general se vio colmado de información bastante completa para describir un evento antes reservado sólo a un pequeño grupo.

Hace tiempo que la ciencia ha dejado de ser un reducto para pocos, pero a pesar de esta disposición de información, no nos hemos detenido a preguntarnos sobre el origen o los mecanismos íntimos de lo que cotidianamente manejamos; sin embargo, somos los beneficiarios directos de muchos de los avances tecnológicos. En general se da por hecho que todo lo que nos rodea existió siempre, aunque gran parte de nosotros seamos de aquellos que nacieron cuando el hombre aún no había pisado la Luna.

Las grandes preguntas las hemos dejado para los científicos y filósofos, y poco recordamos de cuando éramos niños e inquiríamos por respuestas que nos hablaran de las causas primeras, de cómo se había originado todo, cómo era antes y cómo sería después.

Hemos olvidado; un poco por el trajín diario y otro poco porque las intensas luces de las ciudades no nos permiten ver el cielo. Son las estrellas las que nos han dado vida –de su interior proceden los átomos que nos formaron– y las que son capaces de movilizarnos para despertar en nosotros profundos interrogantes; descorramos entonces el velo que las oculta y miremos el cielo nuevamente.

EL BIG BANG O LA GRAN EXPLOSIÓN

Hay preguntas que todas las culturas, sean éstas de Oriente como de Occidente, primitivas o desarrolladas, se han hecho en el

pasado y aún hoy se siguen haciendo. La pregunta sobre el origen del Universo es una de ellas. Su importancia radica no sólo en la trascendencia de la pregunta en sí, sino también, y especialmente, en la ligazón entre la respuesta y la mirada con la cual se la aborda. Según cómo se relate ese origen, el hombre comprenderá su lugar de cierta manera y encarará el porvenir bajo determinadas perspectivas. La trama compacta que se entreteje entre historia, cultura y porvenir es la configuración única y total que da como respuesta nuestra civilización. Y aunque hemos llegado al siglo XXI sin una unidad de criterio en cuanto a estos planteamientos, podríamos tomar a la ciencia como la encargada de ser la voz que habla por nuestra época. Ella intenta desvelar los misterios fundamentales. Una de esas respuestas la da el modelo del Big Bang, que ha sido el paradigma teórico para explicar el comienzo del Universo y al que adhiere la mayoría de los investigadores. De ahí la justificada importancia de un abordaje para comprenderlo y desentrañar esta teoría de la manera más llana posible.

MURALLA DEL ESCULTOR
Imagen de la muralla captada por el *Observatorio de Rayos X Chandra* y el *Observatorio XMM* de la ESA (Agencia Espacial Europea).

¿QUÉ ES UNA SONDA ESPACIAL?

A diferencia de los satélites que orbitan alrededor de un determinado objeto, las sondas espaciales se lanzan hacia un destino o, como las Voyager, siguen una ruta que las lleva más allá del Sistema Solar. Según el tipo de propósito, va a depender el instrumental que lleven, aunque todas tienen en común los paneles solares y las baterías, como sistema energético, y los equipos de comunicación con la Tierra para poder transmitir los datos recogidos.

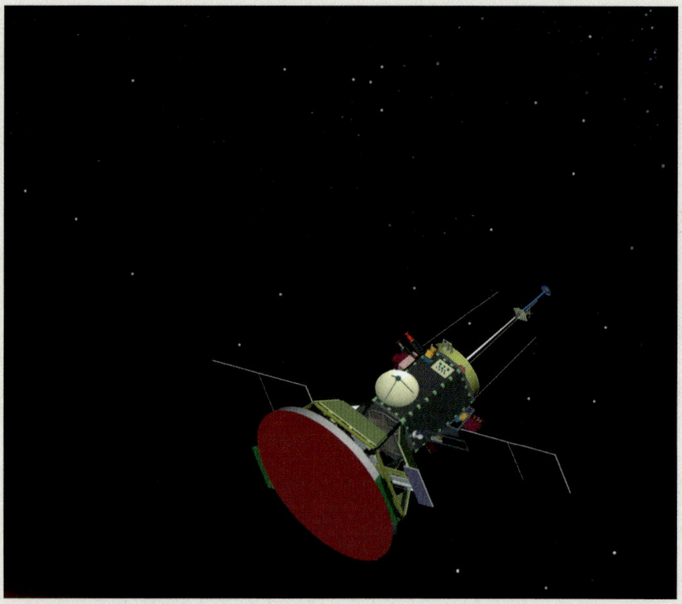

EL UNIVERSO CONOCIDO. LA OBSERVACIÓN POSIBLE

Si bien la ciencia ha avanzado, lo ha logrado empujada por la tecnología, la que en muchos casos ha encontrado las respuestas aún antes de que se constituyeran las preguntas como tales. La tecnología parece ser la vanguardia de nuestra civilización, entendida ésta desde su perspectiva más humana. Hoy las naves que se envían al espacio no están tripuladas, son robots quienes las manejan; ellos son los encargados de descubrir mundos que a pesar de todo no nos son desconocidos. Antes hubo quienes los presintieron, quienes contaron historias fascinantes de estos viajes y quienes se atrevieron a imaginar que todo lo que ahora vemos era posible. Escritores visionarios unas veces y, otras, artistas e inventores intuyeron el futuro y hasta pergeñaron aparatos capaces de viajar por el espacio cuando ellos mismos todavía se trasladaban en carruajes.

El sueño de estos hombres se ha cumplido: innumerables satélites investigan lunas, planetas, asteroides, cometas..., mientras que otros están preparados para mirar hacia los confines del Universo. Un repaso de la historia de todos estos vuelos nos acerca a la epopeya del hombre por tratar de desvelar los misterios del Universo.

LAS ESTRUCTURAS DEL UNIVERSO

El siglo XX y el nuevo milenio han mostrado avances notables en muchos campos de la ciencia, como la astrofísica y la astronomía. Algunos desarrollos fueron producto de un trabajo sostenido du-

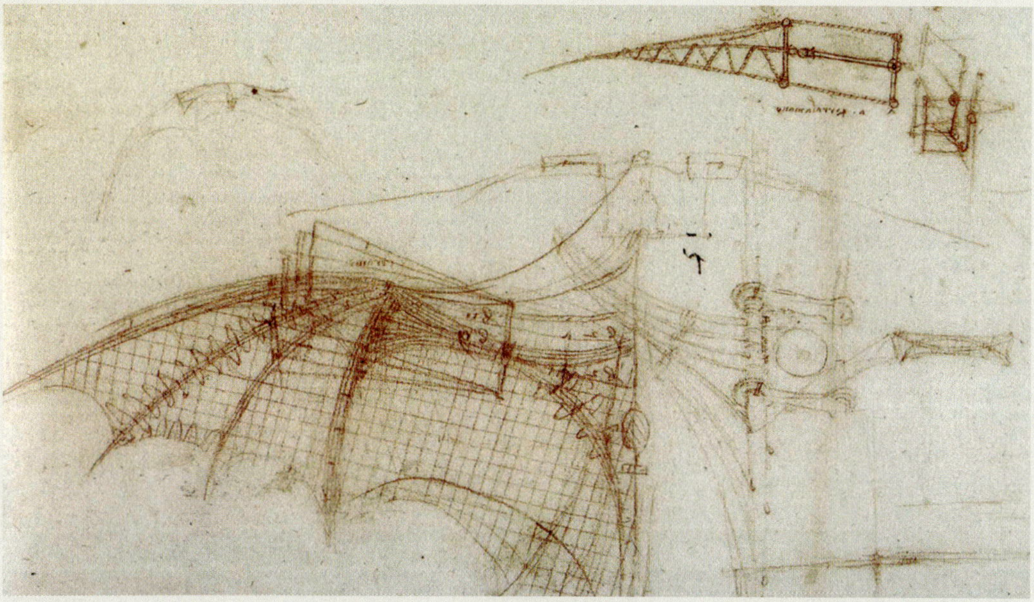

rante bastante tiempo, pero ha sido en el presente cuando han logrado su concreción; otros desarrollos se plantearon a poco de iniciado este siglo y su puesta en marcha está prevista para dentro de la presente década.

Potentes radiotelescopios en la Tierra y en el espacio captan lejanos indicios de los principios del Universo. Sofisticados aparatos registran, desde diferentes espectros de luz, un mismo fenómeno. Se ha llegado de esta manera a tener ante la vista objetos que se formaron cuando el Universo apenas comenzaba. Un Universo que guarda patrones jerárquicos en su conformación, donde las últimas estructuras descubiertas son las llamadas murallas de galaxias en los confines del Universo. Pero ¿qué son estas estructuras tan lejanas que hasta hace muy poco no se conocían? ¿Y qué habrá más allá, donde aún no podemos captar su luz?

ARTE, CIENCIA Y TECNOLOGÍA
La inquietud de algunos genios, como la expresada por Leonardo da Vinci en estos bocetos de aparatos destinados a volar, no siempre ha acabado convirtiéndose en una realidad.

LOS CUERPOS ESTELARES

Un misterio similar, aunque más estudiado, son los cuerpos estelares. Algunos, como las estrellas, han sido los primeros objetos del cielo sobre los que el hombre trató de dar respuesta. Pero han aparecido otros, producto de la inspección del espacio con sofisticados aparatos, como los agujeros negros, los púlsares y los quásares, que plantean interrogantes aún no resueltos. Por ejemplo, de dónde provienen las cantidades enormes de energía que son captadas de lugares recónditos del Universo. Cuando se creía que el Universo conocido estaba conformado sólo por la Vía

CÚMULO DE ESTRELLAS JÓVENES en la nebulosa NGC 3603, ubicada a 20.000 años luz de distancia de la Tierra.

Láctea, eran impensables las distancias que hoy se conocen. Ahora las mediciones se especifican en unidades más grandes que el año luz, y a pesar de lo lejos que se ha llegado, más del 90 % de lo que constituye el Universo, lo desconocemos.

EL SISTEMA SOLAR

La carrera espacial llevada adelante durante la llamada Guerra Fría dio paso a proyectos conjuntos ya no sólo de los antiguos contendientes, sino de toda la comunidad científica internacional. Esta comunidad trabaja mancomunadamente en todas las regiones del mundo. Cada vez más se aúnan esfuerzos para llevar adelante proyectos de investigación. A las estaciones espaciales se suman observatorios potentísimos terrestres y otros situados en el espacio que captan en conjunto un mismo objetivo. Sondas y satélites destinados a conocer nuestro sistema son enviados por diversos países, pero los datos se comparten. Hoy cada planeta es estudiado con infinidad de aparatos que permiten profundizar los conocimientos que tenemos del Sistema Solar. Las lunas, por ejemplo, han tomado una relevancia mayor que muchos de los planetas a los que pertenecen, y esto conectado directamente con la posibilidad de encontrar vida en ellas. Día a día

UN PLANETA EXTRASOLAR
Fantasía pictórica en la que el artista, asesorado por científicos, muestra un sistema similar al nuestro, en cuanto orbita en torno a una estrella única.

se reciben datos que muchas agencias espaciales de diversos países procesan. A veces inquietantes, otras esperados, estos datos confirman o desestiman hipótesis de trabajo.

TEORÍAS SOBRE EL UNIVERSO

Hace apenas un siglo la teoría de la relatividad general estaba siendo delineada, aunque muchos de los postulados teóricos que le dieron forma se confirmaron finalmente en el presente. Casi a la par otra teoría también revolucionaria indagaba dentro de la materia tratando de conocer su naturaleza íntima. Ambas, cada una por su lado, describían lo muy grande como lo muy pequeño. Desde entonces muchos científicos han tratado de reconciliar estas dos posiciones. El propio Einstein trabajó durante los últimos años de su vida sobre este problema sin haber encontrado una solución. Hoy varias teorías persiguen ese mismo objetivo; una de ellas, la teoría de cuerdas, avanza en este sentido, entre otras, aunque no ofrece ningún método de validación empírica y está perdiendo prestigio.

En este mismo sentido se plantean las teorías que intentan explicar en qué terminará todo. Y si bien el consenso sobre el Big Bang es casi unánime, no ocurre lo mismo con el posible final.

LA NEBULOSA MARIPOSA (NGC6302)
Se encuentra dentro de la Vía Láctea, en la constelación de Escorpio, a 3.800 años luz de distancia. En su centro se halla una estrella moribunda, considerada uno de los objetos más calientes del Universo.

1 Origen del Universo

La pregunta por el origen del Universo ha cautivado a los hombres de ciencia de todos los tiempos. Gracias a los avances tecnológicos, a la exploración incansable y al debate constante entre diversas hipótesis y paradigmas se ha encontrado una respuesta: la teoría del Big Bang. Aunque aún se discute, esta explicación acerca de cómo empezó todo cuenta con un acuerdo casi unánime entre los científicos de la actualidad. En el presente capítulo veremos en qué consiste esta teoría, cuáles son sus antecedentes, de qué otros postulados previos se nutre y qué fenómenos comprobables la sostienen.

Origen del Universo

BIG BANG

El término Big Bang fue acuñado por Fred Hoyle, justamente un detractor de esta teoría que en una conferencia se refirió despectivamente a ella describiéndola como sólo un big bang (una gran explosión). Su crítica sirvió para dar nombre a la teoría sobre el origen del Universo que cuenta con el 99% de acuerdo dentro del mundo científico.

En el principio no había nada. Ni espacio, ni tiempo, ni luz. Nada. El comienzo del Universo tal como hoy lo conocemos puede situarse hace aproximadamente 13.700 millones de años. Fue entonces cuando un punto tan pequeño como infinitamente denso y caliente comenzó a expandirse para crear, en un solo acto, el espacio y el tiempo. Aunque el término Big Bang (con el que se conoce comúnmente este maravilloso evento) significa en inglés "gran explosión", lo cierto es que no se puede decir a ciencia cierta que ese diminuto punto haya "explotado". Más bien puede pensarse el Big Bang como un modelo científico que intenta explicar una singularidad que creó el espacio-tiempo, momento a partir del cual el Universo comenzó a expandirse.

En la actualidad, la comunidad científica considera el Universo como un proceso. Si retrocedemos hacia los orígenes de ese proceso, al instante en que todo comenzó, podremos reconstruir el largo camino que conduce desde un pequeño punto en expansión hasta la aparición de galaxias y planetas.

DESCRIPCIÓN DEL UNIVERSO TEMPRANO

Gracias a la invención de los aceleradores de partículas, en la actualidad es posible reproducir con bastante exactitud las colisiones que tenían lugar entre las partículas elementales en los primeros momentos de formación del Universo. Estas partículas se llaman quarks y leptones, y son componentes esenciales que conforman absolutamente toda la materia en sus múltiples formas. Aunque existen más dudas que certezas acerca de lo que ocurrió en los primeros instantes del Universo, se sabe que la temperatura en esos momentos primigenios era inconmensurablemente alta. El espacio era pequeño, denso y caliente. También sabemos que, a altas temperaturas, los componentes de la materia se mueven a

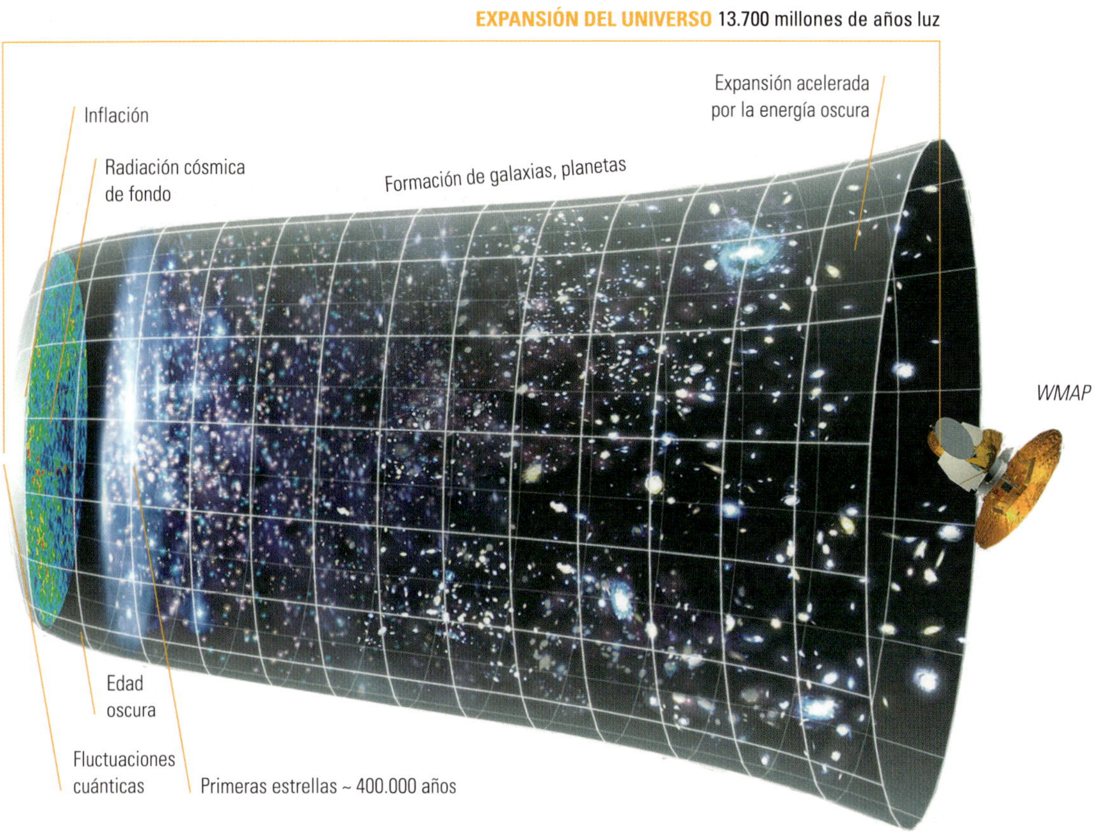

EL BIG BANG O LA GRAN EXPLOSIÓN
Ilustración que representa la evolución del Universo temprano, en la que se aprecian claramente las primeras etapas (inflación y radiación cósmica de fondo). La luz de los comienzos (luminiscencia residual) es captada por la sonda *WMAP (Wilkinson Microwave Anisotropy Probe)*, lanzada en 2001 desde Cabo Cañaveral.

una velocidad extremadamente alta. La violencia de las colisiones que se producían entre las partículas en esos instantes iniciales impedía que los átomos que lograban formarse sobrevivieran durante algún tiempo.

INFLACIÓN CÓSMICA

Al poco tiempo de haber surgido, el Universo entró en un período de inflación cósmica, es decir, comenzó a expandirse de manera sumamente rápida. Al finalizar ese período las partículas fundamentales tenían la forma de un plasma (formado por quarks y gluones, o partículas de unión) y el Universo comenzó a enfriarse. Ese enfriamiento paulatino posibilitó la creación de protones y neutrones, y posteriormente de las cuatro fuerzas fundamentales de la física y la formación de los primeros átomos. A partir de este momento (cuando el Universo ya tenía 300.000 años), la radiación se desvinculó de los átomos y comenzó a viajar por el espacio: es lo que se conoce como radiación de microondas, y su detección fue uno de los elementos que fortalecen la teoría del Big Bang. Más tarde, y a pesar de la dis-

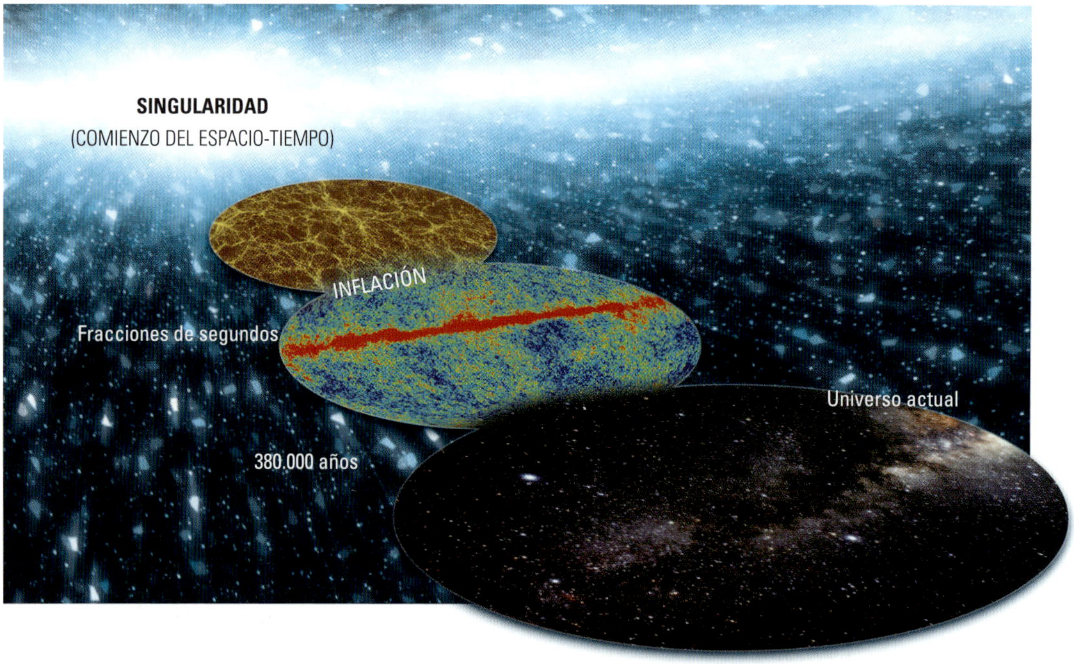

EXPANSIÓN DEL UNIVERSO
Después del Big Bang, la singularidad que creó el espacio-tiempo, el Universo comenzó a expandirse y la luz encontró el camino libre después de 380.000 años.

tribución homogénea de la materia, algunas zonas cobraron mayor densidad y dieron origen a las nebulosas, las estrellas, las galaxias y todo lo que hoy conocemos en el Universo.

COMPROBACIÓN DE LA TEORÍA

La confirmación de la teoría del Big Bang se apoya en ciertos hallazgos fundamentales. Uno de ellos lo proporcionó el satélite *COBE (Explorador de Fondo Cósmico)*, que midió el espectro de la radiación cósmica de fondo y encontró que las predicciones de la teoría en cuanto a la radiación de microondas se cumplían con exactitud. Según la teoría del Big Bang, el enfriamiento paulatino del Universo habría posibilitado el libre movimiento de fotones, dando lugar

BREVE HISTORIA DE LOS AVANCES EN LA DETECCIÓN DE LA RADIACIÓN CÓSMICA DE MICROONDAS

1965
Imagen de la radiación cósmica de microondas de Penzias y Wilson.

1992
Explorador de Fondo Cósmico COBE (Cosmic Background Explorer).

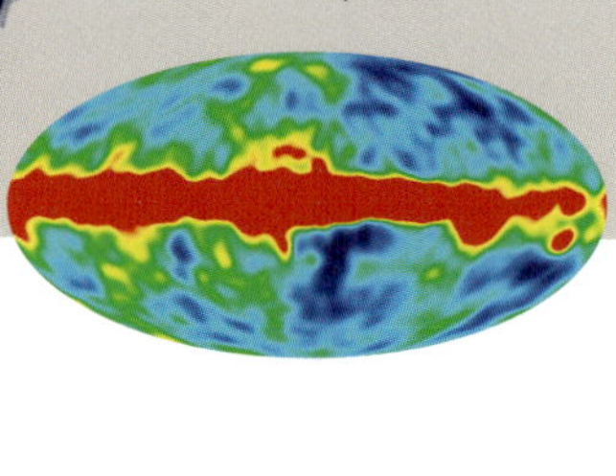

a la radiación de microondas que, con la creciente expansión del Universo, fue disminuyendo su temperatura. Esta radiación puede entenderse como el eco que quedó de la gran expansión que tuvo lugar en el origen del Universo. Para entender un poco más en qué consiste este "eco" pensemos en una noche no muy cálida, reunidos con amigos alrededor de un fogón. Al principio, hemos juntado suficiente leña como para que el fuego arda un buen rato. Las llamas son perfectamente visibles y su calor es capaz de confortarnos a todos aunque nos mantengamos a cierta distancia. Pero, a medida que el tiempo pasa, la llama disminuye hasta terminar en cenizas. Sin embargo, si acercamos la mano, podemos sentir calor aunque ya no veamos el fuego. El tiempo transcurrido desde el comienzo de la fogata hasta su casi extinción estará puntuado por la luz visible de su inicio y el calor detectable al tacto que irradia al final. Esto mismo se puede aplicar al Universo y a la energía de microondas que aún percibimos desde sus confines. La energía que quedó del Big Bang fue detectada en 1964 cuando dos científicos apuntaron un radiotelescopio hacia el cielo y descubrieron que en todas las direcciones obtenían señales de la presencia de microondas.

LA NUCLEOSÍNTESIS

Hemos mencionado que antes de la formación de los primeros átomos surgieron las cuatro fuerzas fundamentales de la física. Estas fuerzas son las que gobiernan las interacciones de la materia. La más potente es la llamada interacción nuclear fuerte y es la responsable de que los núcleos se mantengan unidos. Luego la siguen la interacción electromagnética, que regula las relaciones entre las partículas con carga eléctrica, y la interacción nuclear débil. La gravitatoria es la más débil y determina la interacción entre cualquier tipo de materia que tenga energía. Ahora bien, algunos científicos sostienen que en los primeros tiempos del Universo, cuando la energía era inmensa, las cuatro fuerzas estaban unificadas y se separaron a medida que bajaba la temperatura. Las teorías que

HISTORIA DE UN DESCUBRIMIENTO

Arno Penzias y Robert Wilson, dos radioastrónomos del Bell Telephone Laboratories, de Nueva Jersey, detectaron sin saberlo la radiación de microondas de nuestra galaxia. La antena que utilizaban estaba construida originalmente para detectar comunicaciones vía satélite. Decididos a descartar toda perturbación, orientaron sus observaciones hacia longitudes de onda más cortas, denominadas microondas. La antena detectó señales en todas direcciones. Sin buscarlo, sus investigaciones dieron como resultado uno de los descubrimientos más importantes de la cosmología moderna. Esto les valió el premio Nobel de Física en 1978.

2003
Sonda *WMAP (Wilkinson Microwave Anisotropy Probe).*

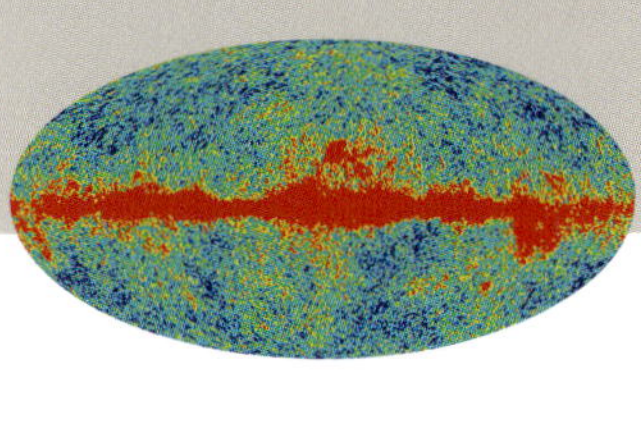

2010
Sonda *Planck* de la ESA (Agencia Espacial Europea).

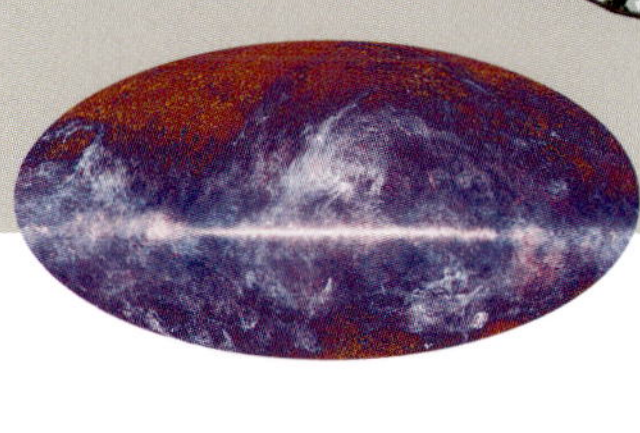

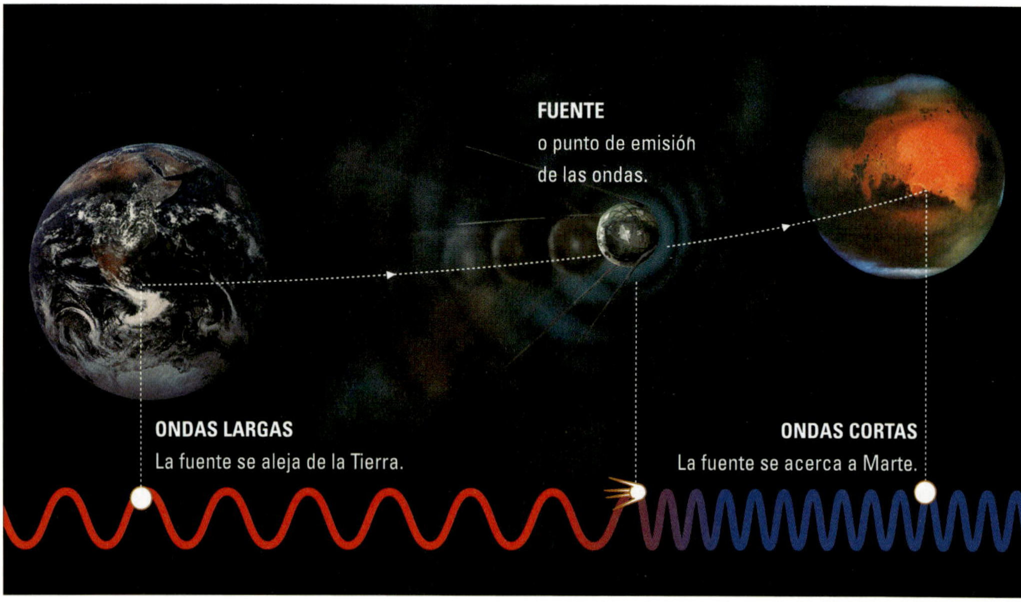

EL EFECTO DOPPLER

Este efecto describe el cambio de frecuencia de una onda al moverse la fuente con respecto al observador. Se empleó mayormente para la descripción de ondas sonoras, cuando en realidad Christian Doppler (1803-1853) lo enunció a partir del color de la luz de las estrellas. En este campo si el objeto se aleja, su luz se desplaza a longitudes de onda más largas, virando hacia el rojo.

describen este proceso se denominan teorías de campo unificado y plantean que las cuatro fuerzas en realidad son manifestaciones de una sola fuerza fundamental.

Después del Big Bang y en los primeros instantes, la fuerza de gravedad se separó del resto de las fuerzas. Las interacciones entre las partículas estaban ahora bajo dos tipos de fuerzas. Más tarde se separaron la fuerza fuerte y la electrodébil, con lo que las interacciones quedaron bajo tres fuerzas. Por último, la fuerza electromagnética se separó de la débil. Los quarks y leptones se unieron entonces formando nuevas partículas elementales: neutrones y protones. Más adelante protones y neutrones constituirían núcleos de hidrógeno y helio, mientras que otros elementos químicos se formarían mucho más tarde en las estrellas. Este proceso se conoce con el nombre de nucleosíntesis, y en la actualidad la teoría que lo explica pudo ser probada empíricamente, avalando desde otro ángulo la teoría del Big Bang.

LA LEY DE HUBBLE

A principios del siglo XX, en la comunidad científica primaba la idea de que el Universo consistía en una sola galaxia (Universo-isla). Sólo algunos pocos se aventuraban a concebir la existencia de otras galaxias más allá de la Vía Láctea. Sin embargo, ya en 1923 Edwin Hubble, al utilizar el nuevo telescopio de Monte Wilson, amplió el horizonte del conocimiento humano al divisar nuevas galaxias que se encontraban a distancias hasta ese momento inconcebibles. Los nuevos instrumentos medían con mayor precisión a la vez que aumentaban nuestra comprensión del

LAS GALAXIAS MÁS LEJANAS
Imagen del campo ultraprofundo captada por el *Telescopio Espacial Hubble*, que muestra galaxias de distintas edades y tamaños. Las más rojas son las galaxias más lejanas.

LA CURVATURA DEL ESPACIO ocasionada por la masa del Sol produjo que las ondas emitidas por el satélite *Cassini* se curvasen en su camino hacia la Tierra.

Universo. Si bien sus avistamientos bastaron para revolucionar la astronomía del momento, Hubble no se detuvo allí. Basándose en el efecto Doppler, comparó la luz emitida por elementos conocidos en las galaxias cercanas con la luz de esos mismos átomos en el laboratorio y descubrió que la luz de las galaxias distantes viraba hacia el rojo del espectro. De esta manera dedujo que estas galaxias lejanas se movían, como si el Universo estuviera en permanente expansión. Fue el punto de partida para posteriores postulados, como la teoría del Big Bang.

TEORÍA DE LA RELATIVIDAD

Hemos seguido las huellas que dejó el Big Bang. Esto fue posible gracias a la moderna tecnología, que, con sus telescopios, observatorios, ordenadores gigantes y aceleradores de partículas nos permitió rastrear los comienzos y desvelar así algunos de los misterios del Universo. Tanto las teorías de la nucleosíntesis como la radiación cósmica de microondas y el desplazamiento al rojo de las galaxias confirman en más de 90% la teoría del Big Bang como comienzo del Universo. Pero hay en la base de todos estos descubrimientos

GP-B (GRAVITY PROBE B)

En abril de 2004 fue lanzado al espacio un satélite cuyo objetivo era confirmar algunos datos de la teoría de la relatividad general, enunciada por Einstein en 1916. Uno de ellos es el efecto geodésico, es decir, que mide la cantidad por la cual la masa de la Tierra curva el espacio local. Para esto el satélite cuenta con giroscopios de precisión que miden desviaciones angulares minúsculas. El otro dato se refiere al arrastre del marco de referencia, que, según la teoría, si una masa gira sobre sí misma, arrastra el espacio-tiempo a su alrededor. El artefacto orbita a 642 km de la Tierra y ha sido una iniciativa de la Universidad de Stanford juntamente con la NASA.

una teoría sobre la cual se edificó la astrofísica moderna: la teoría de la relatividad.

El concepto de relatividad ya era conocido desde la época de Galileo, pero no fue sino hasta comienzos del siglo XX que la teoría fue planteada tal como la conocemos actualmente. En 1905 se formuló la teoría de la relatividad especial, que se amplió en 1915 con la teoría de la relatividad general.

La teoría de la relatividad postula que no existe un sistema absoluto para interpretar un fenómeno, sino que dependerá del marco de referencia de cada observador.

Uno de los conceptos fundamentales trata sobre la gravitación. Isaac Newton había desarrollado en el pasado la ley de la gravitación universal, según la cual la gravedad era una fuerza de atracción entre dos masas que actuaba independientemente de la distancia y de manera instantánea. Newton sostenía que la manzana caía al suelo atraída por la masa de la Tierra. Sin embargo, en el Universo tal cual lo concibe Einstein, creador de la teoría de la relatividad, no existe la fuerza gravitatoria newtoniana. Lo que sucede es que la materia

LA *GP-B* ORBITANDO LA TIERRA
La sonda *Gravity Probe B* de la NASA mide el espacio-tiempo y logra una descripción del Universo de cuatro dimensiones: largo, ancho, alto y tiempo. Esta sonda detecta la distorsión del espacio-tiempo alrededor de la Tierra, gracias a los cuatro giroscopios que lleva a bordo.

curva el espacio-tiempo, así como lo hace una bola al desplazarse sobre una superficie plana y elástica.

CONTINUO ESPACIO-TIEMPO

Para entender la idea del espacio-tiempo se puede pensar en él como una red en la que está contenido absolutamente todo lo que existe en el Universo. Cada objeto tendrá una coordenada temporal y espacial específica dentro de la red, que puede sufrir una curvatura debido a un objeto con una gran masa. Podemos pensar que lo mismo le sucede a una red de hilos de algodón cuando se deposita sobre ella un peso relativamente grande: la red se hundirá por efecto del peso del objeto.

Ahora bien, Einstein sostuvo que tanto el tiempo como el espacio son relativos al marco de referencia y que la única constante en el Universo es la velocidad de la luz. Debido a la teoría general de la relatividad, que introdujo principios fundamentales como el de equivalencia, la curvatura del espacio-tiempo y el principio de covariancia generalizado, fue posible, entre otras cosas, reformular el campo de la cosmología.

La idea de relatividad del tiempo y el espacio es difícil de comprender porque contradice nuestra percepción intuitiva y empírica de la realidad. En nuestro sistema de referencias, la velocidad de la luz asume valores inconcebibles, y por eso nuestra mente desconoce el continuo espacio-tiempo y su relatividad. Sin embargo, experimentos recientes han comprobado que el Universo se rige por las leyes físicas que la teoría de la relatividad general describe.

ALBERT EINSTEIN (1879-1955)

La teoría de la relatividad de Albert Einstein significó una renovación científica de gran magnitud, ya que alteró algunas de las ideas básicas de la física clásica y brindó una explicación coherente para multitud de fenómenos naturales.

La celebridad alcanzada por Albert Einstein excede los ámbitos puramente científicos, y esto se debe no sólo al alcance de sus teorías, que pusieron en cuestión ideas que hasta ese momento se habían tenido sobre principios tan básicos como el tiempo, el espacio, la materia o la energía, sino también al gran atractivo de su personalidad y a su constante preocupación por la paz, la libertad y la justicia.

Se sabe que era un niño tímido y retraído, que en sus primeros años tuvo dificultades en el lenguaje y era lento para aprender. Un apasionado de las ecuaciones, la física y las matemáticas que, sin embargo, en la escuela no demostraba interés por otras materias, y que terminó por abandonar los estudios para recorrer el mundo y completar su formación de manera autodidacta.

Nacido el Ulm (Alemania) de padres judíos, renunció a la nacionalidad alemana en 1896, convirtiéndose en apátrida, hasta que en 1901 logró la ciudadanía suiza. Comprometido en la lucha por la mejora de la situación del pueblo judío en Alemania, en 1921 realizó un viaje a Estados Unidos en compañía del químico Chaim Weizmann, quien sería el primer presidente del Estado de Israel y a cuya muerte le sería ofrecida a Einstein su sucesión en el cargo, cosa que éste rechazó.

En 1905, el joven Einstein publicó en la revista *Annalen der Phisik* tres trabajos que conmovieron los pilares de la física: "Sobre un punto de vista heurístico relativo a la producción y transformación de la luz"; "Sobre el movimiento requerido por la teoría cinético-molecular del calor para partículas pequeñas suspendidas en fluidos estacionarios", y "Sobre la electrodinámica de los cuerpos en movimiento", en el que creaba la teoría de la relatividad especial y presentaba como corolario de la misma la célebre fórmula $E = mc^2$.

A partir de 1911 dedicó sus esfuerzos a la búsqueda de una teoría de la interacción gravitacional que se aviniese con los requisitos de la relatividad especial, llegando a finales de 1915 a formular una nueva teoría, cuyo marco geométrico (el espacio-tiempo) dependía del contenido de energía y materia del sistema que describía, lo cual exigía la utilización de la geometría riemanniana en lugar de la euclidiana.

ALBERT EINSTEIN durante una clase en Viena en 1921 (imagen tomada por Ferdinand Schmutzer).

Posteriormente dedicó sus esfuerzos a la teoría del campo unificado, con la que pretendía dar con un marco geométrico común para las dos interacciones conocidas entonces: la electromagnética y la gravitacional.

CONSTANTE DE HUBBLE

La constante de Hubble establece una relación entre las galaxias: éstas se alejan unas de otras a una velocidad proporcional a la distancia que las separa. Esta ley tiene implicaciones de gran relevancia para la cosmología moderna, ya que a partir de ella se dedujo la expansión del Universo.

TRABAJO EN EQUIPO

Tanto la teoría del Bing Bang como la inflacionaria son dos hipótesis científicas independientes que, sin embargo, se complementan a la hora de explicar el origen del Universo.

Aunque existen claramente controversias, acalorados debates y refutaciones, también existe una colaboración implícita en el campo de las ciencias que hace posible que unas teorías y otras funcionen en equipo para resolver los más fabulosos enigmas de todos los tiempos.

Un trabajo en equipo dificultoso y plagado de obstáculos que, no obstante, logra avances que revolucionan nuestra concepción de la realidad a cada paso.

TAMAÑO DEL UNIVERSO

Conocemos con cierta exactitud los límites del Universo observable, que comenzó a expandirse a partir del Big Bang y está constituido por toda la materia y la energía desplegada a la velocidad de la luz desde ese momento hasta ahora. Aunque más allá de él subyace la incógnita, este Universo finito puede medirse. La distancia desde la Tierra hasta el extremo visible es de alrededor de 46.500 millones de años luz. Y aquí cabe preguntarse: si el Universo tiene 13.700 millones de años, ¿cómo es posible que mida casi cuatro veces más? ¿Puede el espacio ampliarse a un ritmo superior que el de la

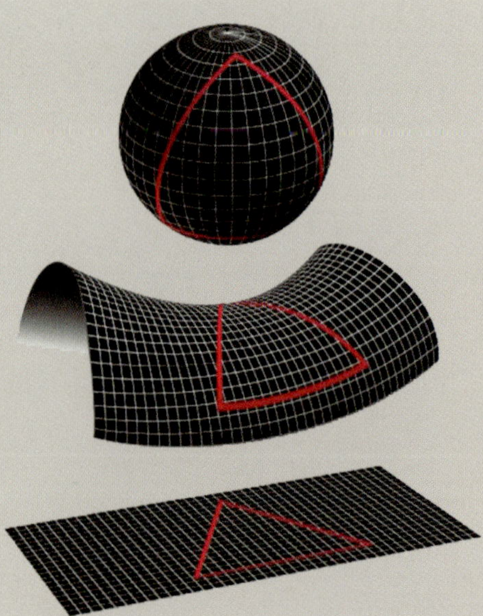

FORMA DEL UNIVERSO

Cuando astrónomos y cosmólogos se refieren al Universo, por lo general describen la parte observable dado que todo el Universo constituye actualmente un desafío que aún no tiene respuesta. Parte de esa descripción se refiere al espacio, que es mucho más complejo de lo que parece. Por eso cuando hablamos de espacio es conveniente diferenciar a qué espacio nos estamos refiriendo. ¿Al espacio de las partículas, descrito por la mecánica cuántica y totalmente caótico, al espacio donde nos movemos nosotros, descrito por la geometría euclidiana, o al espacio cosmológico descrito por la teoría de la relatividad? Los cosmólogos tienen en cuenta dos espacios, uno para describir el Universo observable, descrito por la geometría local, y otro para describir el espacio-tiempo del Universo entero.

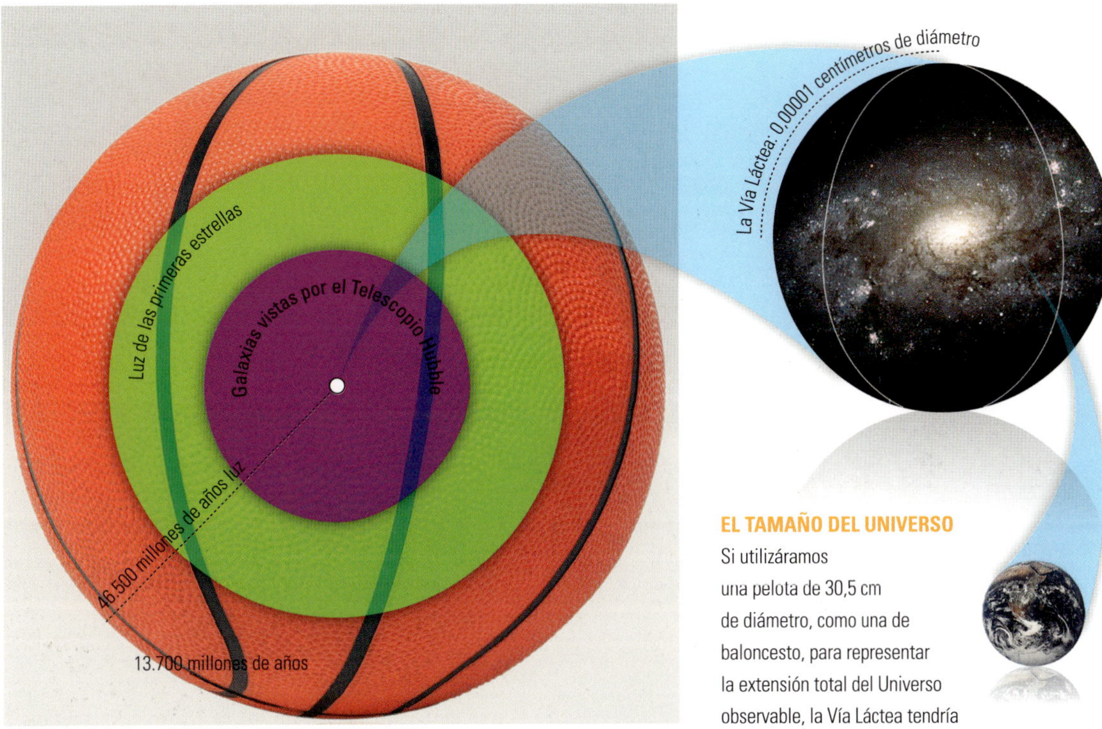

EL TAMAÑO DEL UNIVERSO
Si utilizáramos una pelota de 30,5 cm de diámetro, como una de baloncesto, para representar la extensión total del Universo observable, la Vía Láctea tendría sólo 0,00001 cm de diámetro. La luz de las primeras estrellas estaría representada por un círculo de 21,59 cm de diámetro y las galaxias que el *Telescopio Espacial Hubble* alcanzó a divisar, por uno de 12,7 cm de diámetro.

velocidad de la luz? ¿Existen velocidades mayores? La respuesta es negativa. Lo que sucede es que el espacio puede ampliarse a un ritmo que no está limitado por la velocidad de la luz. Esto quiere decir que es posible que dos galaxias se separen entre sí con mayor rapidez que la velocidad de la luz, porque es el espacio entre ellas el que crece y lo hace a un ritmo superior.

ESTRUCTURA DEL UNIVERSO

Casi toda la estructura del Universo que podemos ver, es decir, la materia luminosa, resulta muy homogénea y uniforme con respecto a escalas de densidad. Esta materia luminosa se distribuye en supercúmulos de galaxias que son como filamentos en los que se engarzan –como las cuentas de un collar– los cúmulos de galaxias. Los espacios entre estos supercúmulos están libres de materia luminosa. En apariencia hay una organización jerárquica donde las estrellas se agrupan en galaxias, éstas en cúmulos y éstos a su vez en supercúmulos separados por un inmenso vacío, en algunos casos de 250 millones de años luz de diámetro. Los últimos estudios sobre el Universo lo muestran como enormes vacíos similares a burbujas separados por hojas (gas intergaláctico) y filamentos de galaxias.

VISIÓN PANORÁMICA DEL CIELO ENTERO visto mediante el infrarrojo, que revela la distribución de galaxias más allá de la Vía Láctea, ubicada en el centro.

COMPOSICIÓN DEL UNIVERSO

Quizá nos resulte asombrosa la descripción del Universo visible, con sus filamentos de galaxias escapándose a velocidades increíbles mientras dejan tras de sí una huella cósmica. Seguramente nos sorprenderemos aún más al saber que todo lo que conocemos del Universo no es más que el 4% de su totalidad. Surge inmediatamente la pregunta acerca de las características del otro 96%.

Ese resto parece estar formado por 71% de energía oscura –forma de energía desconocida que lo lleva a expandirse más y más rápido–, y 25% de materia oscura. El 4% conocido está constituido por átomos, la materia de la que estamos hechos tanto nosotros como las estrellas. Por otro lado, la energía oscura y la materia oscura constituyen hipótesis de investigación sobre las cuales aún existen muchas dudas.

Quizá resulte tranquilizador para el ser humano poder nombrar de algún modo aquella gigantesca porción del Universo de la que no tenemos conocimiento verdadero. De esa manera, la materia y la energía oscuras pasarían a ser una pieza más en la descripción del Universo, y esos conceptos nos ayudarían a pensar que todo

MATERIA BARIÓNICA

La materia que podemos ver y de la cual todo está hecho, tanto las estrellas como nosotros mismos, es la materia bariónica. Los bariones son partículas pesadas, cuyos átomos tienen un núcleo constituido por protones y neutrones. Lo asombroso es que la mayoría de ese 4% conocido de materia bariónica tampoco está concentrada en galaxias, sino en los espacios intergalácticos, formando lo que los científicos denominan "la espina dorsal del Universo".

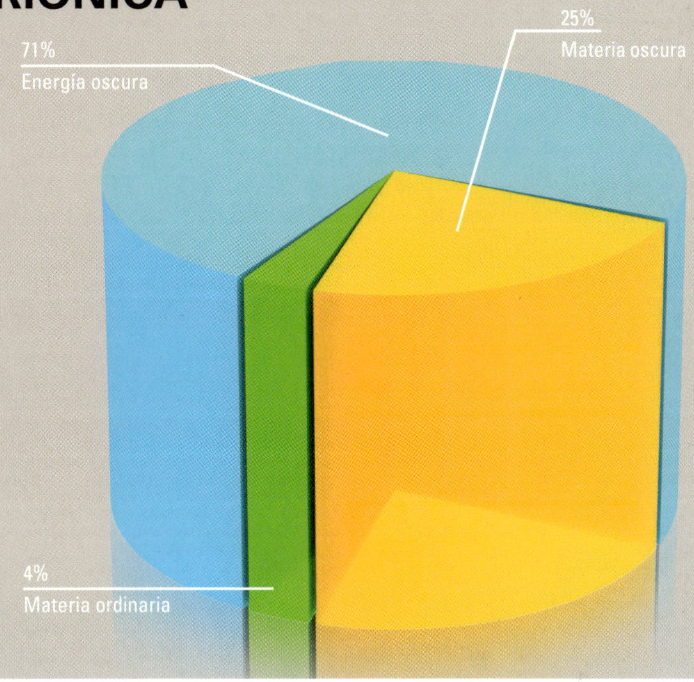

COMPOSICIÓN DEL UNIVERSO
Toda la materia visible del Universo, desde las estrellas hasta nosotros mismos, conforma solo el 4% del total.

en él se rige por las reglas que nos son familiares. Pero tal vez deberíamos tener en cuenta que esa porción más allá de nuestro conocimiento real es en realidad muy grande: entre materia y energía oscura lo que desconocemos es alrededor del 96% del Universo. Si se reflexiona seriamente acerca del asunto, la idea de describir el Universo desconocido a partir del 4% conocido se parece mucho a las teorías de la Antigüedad que ponían en el centro del Universo a la Tierra. Sin embargo, y a la luz de los descubrimientos que hizo la ciencia a lo largo de la historia, ¿no cabría preguntarse qué pasaría si fuéramos la excepción y no la regla?

Frente a tantas hipótesis sin comprobar y supuestos derivados de ellas, se hace necesario definir algunos términos para poder comprender mejor la inmensidad que nos rodea.

LA MATERIA Y LA ENERGÍA OSCURAS

Todo lo que los astrónomos no pueden ver o detectar directamente, pero cuya presencia resulta evidente por la atracción gravitatoria que ejercen sobre otros cuerpos celestes, recibe el nombre de materia oscura. Se trata de una entidad omnipresente y misteriosa

GALAXIA ABELL 1689
Es un cúmulo de galaxias masivo donde se aprecia el efecto de la lente gravitacional. La luz se curva y muestra las galaxias lejanas detrás de él.

que se hace sentir en todo el Universo. Una de las evidencias más contundentes de la existencia de materia oscura está en las curvas de rotación que dibujan las galaxias espirales. La energía oscura, por su parte, es una forma hipotética de materia que se supone que está presente en todo el espacio. Esta energía produce una presión negativa y tiende a acrecentar la aceleración de la expansión del Universo, por lo que resulta en una fuerza gravitacional repulsiva. No hay que confundir energía oscura con materia oscura. Si bien ambas forman la mayor parte de la masa del Universo, mientras que la energía oscura es un campo que llena todo el espacio, la materia oscura es una forma de materia.

COMPOSICIÓN DE LA MATERIA OSCURA

Algo más asombroso todavía y difícil de explicar incluso para los científicos resulta la materia oscura. Recibe su nombre por ser invisible, no se puede ver ni medir, ya que no emite tipo alguno de radiación. En apariencia esta materia sería no bariónica, aunque persisten ciertas dudas a este respecto y algunos científicos sostienen que existiría una porción de materia oscura bariónica.

LA GALAXIA ESPIRAL NGC 4414 fue fotografiada por el *Telescopio Espacial Hubble* como parte del Proyecto HST, clave en la Escala de Distancia Extragaláctica.

UNA LENTE GRAVITACIONAL

Es un efecto que se forma cuando la luz de objetos lejanos y brillantes se curva alrededor de objetos masivos que se encuentran entre uno y otro. Por ejemplo, la luz emitida por un quásar se curva alrededor de una galaxia con respecto a un satélite receptor.

En un comienzo se intentó responder a la cuestión de la materia oscura con la hipótesis de que podría estar integrada por neutrinos, partículas con masa nula o insignificante. Pero lo cierto es que los investigadores prefieren desechar cualquier partícula ordinaria, inclinándose por aquellas aún no descubiertas y cuyas propiedades desconocen. Sugirieron así consideraciones acerca de que la composición de la materia oscura era algo muy diferente de lo conocido y de lo que se podía producir en los laboratorios. Genéricamente se denominó entonces a estos constituyentes como WIMP (Partículas Masivas de Interacción Débil), que hasta el momento no son más que meras especulaciones.

LA ENERGÍA OSCURA

Hace 80 años Einstein predijo la existencia de la llamada energía oscura a partir de la constante cosmológica, o energía del vacío, energía que representa más del 70% del Universo. Hoy los científicos están cada vez más de acuerdo en considerar a la energía oscura como la responsable de la aceleración de la expansión del Universo. Esta energía habría hecho sentir su presencia hace 9.000 millones de años y hace aproximadamente 6.000 millones que la energía oscura habría sobrepasado la atracción que ejercía la gravedad. Su naturaleza aún se desconoce, aunque se sabe que posee un efecto antigravitacional, ya que su fuerza es repulsiva. La distribución homogénea significa que la energía oscura no tiene efecto gravitacional local alguno, sino un efecto global en el Universo. Esto conduce a una fuerza repulsiva, que tiende a acelerar la expansión del Universo.

FERMI Y EL NEUTRINO

En los primeros años de la década de 1930 se realizaron una serie de investigaciones para tratar de aislar una partícula que los científicos no alcanzaban a determinar. Esta partícula fantasma debía de tener una masa muy pequeña o no tenerla, y además no poseía carga. Su existencia sólo fue confirmada veinte años después, cuando la tecnología permitió hacerlo. Mientras tanto se especuló con su existencia y hasta se le dio nombre. Fue el físico Enrico Fermi quien la bautizó llamándola neutrino, que en italiano es el diminutivo de "neutrone".

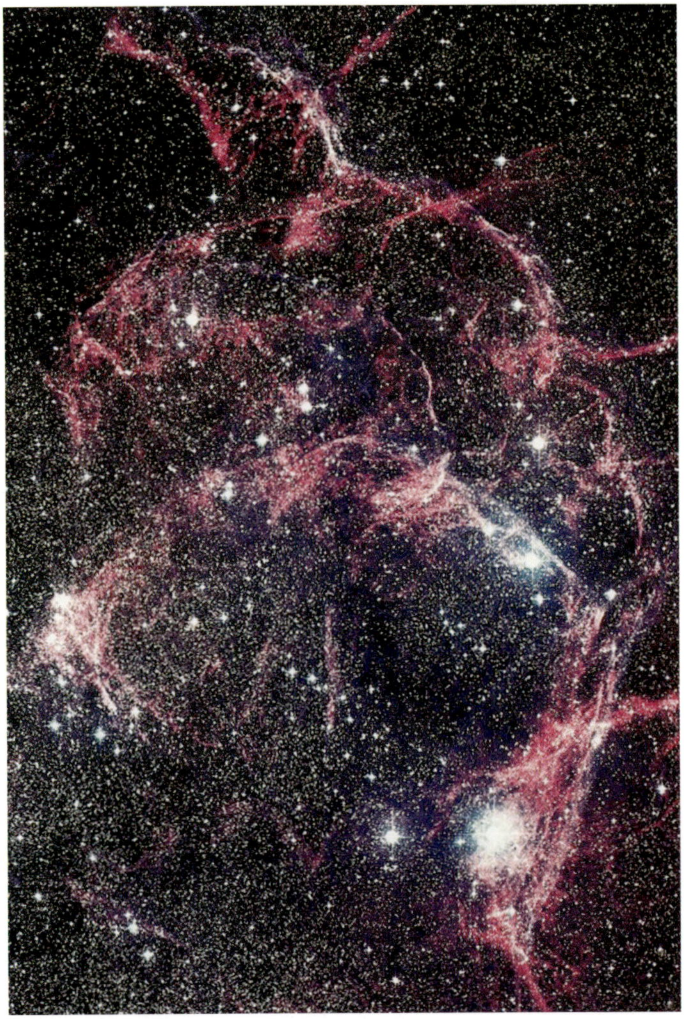

SUPERNOVA VELA
Residuo que quedó de la explosión de la supernova Vela, ocurrida hace aproximadamente 11.000 años.

EL UNIVERSO HOY

El viaje que hicimos desde el comienzo del Universo hasta la creación de galaxias y planetas nos acercó también a un recorrido por las distintas teorías que desarrolló el hombre para intentar comprender este extraordinario proceso. Las certezas que tenemos hoy acerca de cómo se originó el Universo están acompañadas de grandes dudas acerca de cuál es su composición actual, más allá de la porción de materia bariónica conocida. En la historia de la investigación astronómica, el desarrollo de la tecnología se convirtió en un gran aliado del hombre en su búsqueda incansable de respuestas para algunos interrogantes fundamentales de su existencia: ¿cuál es el origen del Universo?, ¿llegará alguna vez a su fin?

GALAXIA ESPIRAL M81
Muestra sus elegantes brazos curvados alrededor de su centro. Está a 12 millones de años luz, en la constelación de la Osa Mayor.

2 Estructuras del Universo

Al contemplar el cielo nocturno, se aprecia un gran número de estrellas que parecen dominar el firmamento. Sin embargo, la verdadera estructura del Universo se forma a partir de un tipo de organización mucho mayor: el de las galaxias. La comprensión de este hecho resultó revolucionaria en el mundo de la astronomía y tuvo sus consecuencias. El análisis de la estructura interna, de la dinámica de las galaxias y su clasificación, entre otras cuestiones, cambió a principios del siglo XX la imagen del Universo hasta entonces defendida por esta ciencia.

Estructuras del Universo

ANTIGUO TELESCOPIO

Fue Galileo quien perfeccionó el telescopio como instrumento de medición y el primero en usarlo como herramienta científica para la astronomía. Gracias a él pudo ampliar la teoría de Copérnico acerca de que la Tierra gira alrededor del Sol y no al revés.

Hasta el siglo XVI se pensaba que el Universo consistía en una bóveda uniforme salpicada de estrellas, con base en el supuesto de que la Tierra era su centro. Fue Copérnico quien, hacia 1507, elaboró su primera exposición acerca de un sistema astronómico heliocéntrico en el cual la Tierra orbitaba en torno al Sol. Éste fue uno de los más resonados comienzos de un largo período salpicado de teorías y descubrimientos que llega hasta nuestros días y que tiene como objetivo descifrar las estructuras del Universo.

Anaxágoras había hablado de piedras rojas para describir el Sol y Demócrito nombró el átomo como último reducto de la materia. Más tarde, y con rudimentarios telescopios, Galileo Galilei advirtió que, además de las estrellas, existían cúmulos estelares. Sin embargo, no fue sino hasta un siglo después que aparecieron teorías cuyo fin era desvelar la estructura del Universo. En este sentido, contribuciones como las de Swendenborg, Wright, Kant y Lambert aportaron los primeros modelos de galaxias. Pero, a pesar de estos acercamientos, y ya entrado el siglo XX, aún se creía que sólo existía una galaxia, la nuestra, que recibió el nombre de Universo-isla. Fue Edwin Hubble quien, en la década de 1920, amplió el conocimiento que se tenía del Universo y dejó atrás las teorías del Universo-isla y de la supremacía de la Tierra en el cosmos.

ORIGEN Y EVOLUCIÓN DE LAS GALAXIAS

Son muchas las incógnitas que aún persisten sobre el Universo. La formación y la evolución de las galaxias son algunas de las cuestiones que los científicos tratan de aclarar, ya que están ligadas directamente con la explicación del origen y el destino del Universo. Una descripción nos dice que en sus inicios el Universo primitivo era tan

EL ASTROLABIO

Antiguo instrumento utilizado por navegantes, astrónomos y científicos para determinar la posición de las estrellas en la bóveda celeste. Representado en una miniatura medieval.

solo radiación, hidrógeno y helio, y que, a medida que se expandía, volvía su distribución cada vez menos uniforme, aglutinando primero vastas nubes de gas y luego materia más pesada que giraba y se contraía, se volvía más caliente, y a medida que lo hacía se tornaba más brillante. Al final millones de puntos encendidos que iluminaban aquí y allá conformaron las galaxias.

Se supone que la falta de uniformidad en su distribución está ligada a los comienzos del Big Bang; actualmente se cree que la materia oscura cumplió un papel fundamental en su constitución y su distribución. Al estar la materia presente en unos lugares más que en otros, la misma fuerza de gravedad atraía hacia ellos más y más nubes de hidrógeno y helio, conformando cúmulos mayores. Estas primeras galaxias comenzaron a girar más rápidamente, convirtiéndose en grandes ruedas giratorias. A continuación haremos un recorrido por los últimos modelos de explicación del comienzo del Universo y definiremos los elementos principales que lo conforman.

LOS UNIVERSOS-ISLA

Immanuel Kant (1724-1804) propuso en 1755 la llamada "teoría de los universos-isla", teoría que persistiría hasta el siglo XX. Kant se había propuesto describir y ampliar el modelo de Wright de la Vía Láctea. ¿Qué es lo que lo llevó a preguntarse cómo se verían a grandes distancias estos sistemas estelares? "La analogía con el sistema estelar en que nos hallamos, su forma que es exactamente la que debe ser según nuestra teoría, la debilidad de la luz que presupone una distancia inmensamente grande, todo ello coincide para que consideremos estas figuras elípticas como otros tantos mundos, o por así decirlo, otras tantas Vías Lácteas."

(Kant, I. *Historia natural universal y teoría de los cielos*, 1755).

MODELO DE LA MATERIA OSCURA

A partir de innovadores desarrollos con simulaciones en supercomputadoras surgió un nuevo modelo para explicar la evolución del Universo. Uno de los proyectos, entre varios otros, fue el del Instituto de Cosmología Computacional de la Universidad de Durham (Reino Unido), que, junto con el Instituto de Astrofísica Max Planck de Alemania, condujo la Simulación Millennium; ellos reprodujeron la historia de la evolución del Universo a lo largo de trece mil millones de años. Estos desarrollos consisten básicamente en una simulación que muestra el papel jugado por la materia oscura en la formación de las galaxias. El modelo de materia oscura se ha convertido en el principal paradigma teórico para explicar la formación de las estructuras en el Universo. Junto con la teoría de la inflación cósmica, este modelo hace una predicción clara de las condiciones iniciales del Universo y predice que las estructuras crecen jerárquicamente por la inestabilidad gravitacional. Muchos científicos, a partir de modelos similares, coinciden en la presunción de que las galaxias se formaron en el centro de halos de materia oscura. De acuerdo con este esquema, la gravedad produjo que la materia oscura colapsara en halos donde la materia normal, hidrógeno, helio y una pequeña cantidad de elementos más pesados, pudieran acumularse en forma gaseosa. Una vez que este gas se hubo enfriado y condensado, alcanzó la suficiente densidad para que comenzara la formación de estrellas a escala galáctica.

EL CATÁLOGO MESSIER

Charles Messier realizó una lista de 110 objetos astronómicos para no confundirlos con los objetos errantes, como los cometas, a los que él dedicaba sus observaciones. La nomenclatura que utilizó era simple, consistía en poner delante del número correspondiente la letra M con la que empezaba su nombre.

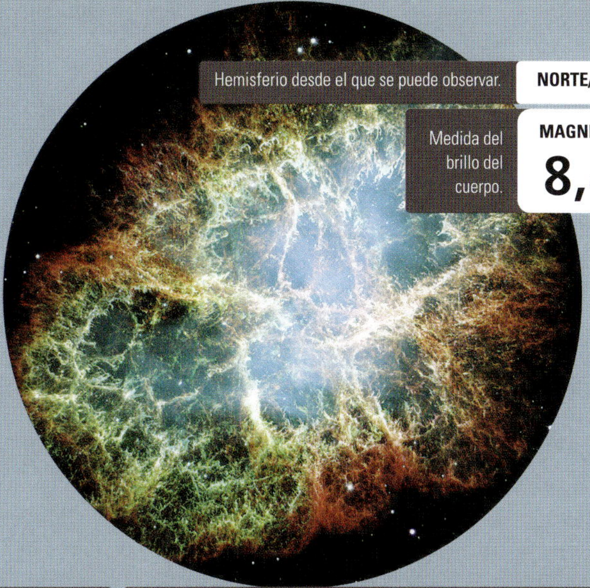

Hemisferio desde el que se puede observar. **NORTE/SUR**

Medida del brillo del cuerpo. **MAGNITUD 8,4**

Nombre del cuerpo en el catálogo Messier. **M1 - NGC 1952** Nombre del cuerpo en el más moderno Nuevo Catálogo General.

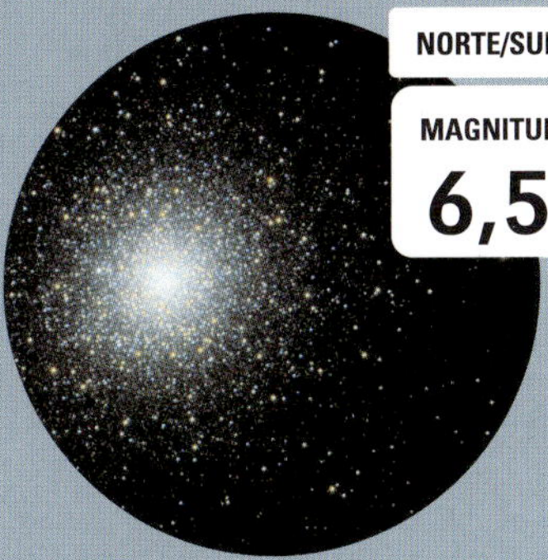

NORTE/SUR

MAGNITUD 6,5

M2 - NGC 7089

Cúmulo globular en la constelación de Acuario.

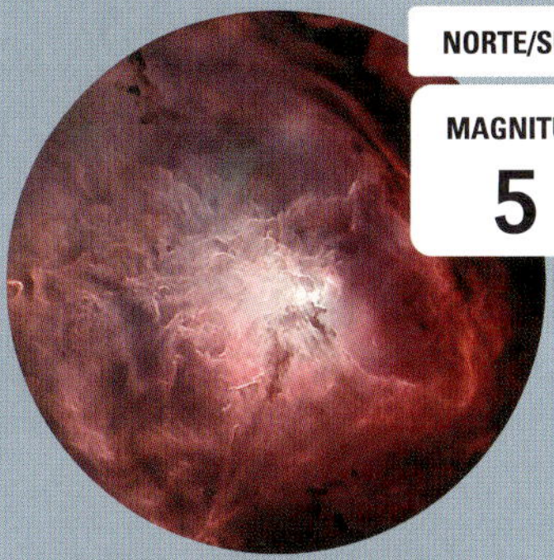

NORTE/SUR

MAGNITUD 5

M8 - NGC 6523

Nebulosa de la Laguna, nebulosa de emisión en la constelación de Sagitario.

NORTE/SUR

MAGNITUD 6

M16 - NGC 6611

Cúmulo abierto en la constelación de la Serpiente.

NORTE/SUR

MAGNITUD 5

M20 - NGC 6514

Nebulosa de emisión en la constelación de Sagitario.

NORTE/SUR

MAGNITUD 7

M27 - NGC 6853

Nebulosa planetaria en la constelación del Cisne.

NORTE/SUR

MAGNITUD 4

M31 - NGC 224

Galaxia espiral en la constelación de Andrómeda

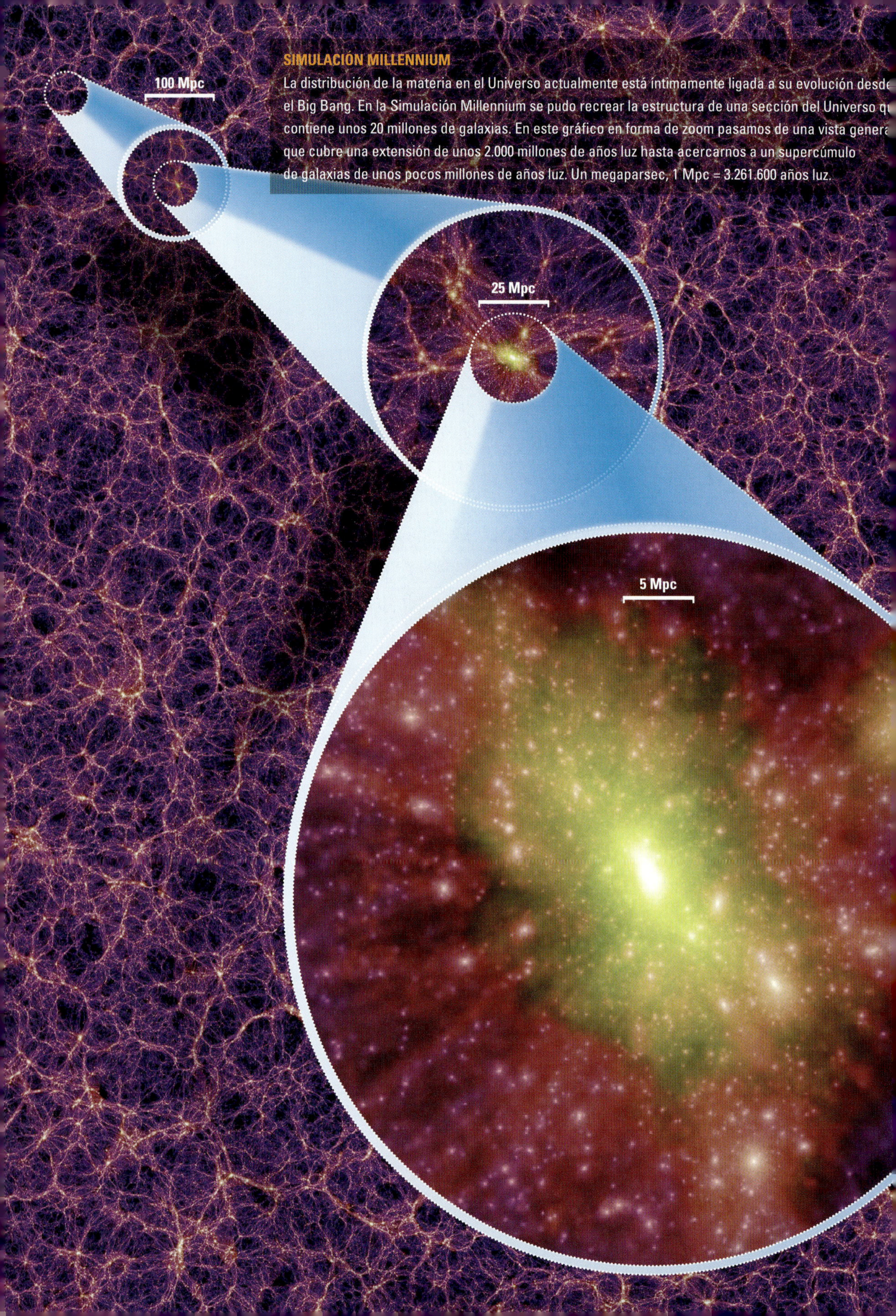

SIMULACIÓN MILLENNIUM

La distribución de la materia en el Universo actualmente está íntimamente ligada a su evolución desde el Big Bang. En la Simulación Millennium se pudo recrear la estructura de una sección del Universo qu contiene unos 20 millones de galaxias. En este gráfico en forma de zoom pasamos de una vista genera que cubre una extensión de unos 2.000 millones de años luz hasta acercarnos a un supercúmulo de galaxias de unos pocos millones de años luz. Un megaparsec, 1 Mpc = 3.261.600 años luz.

LA NEBULOSA DEL MAGO

El cúmulo de estrellas NGC 7380 (o nebulosa del Mago) fue descubierto por Caroline Herschel en 1787. Se localiza en la constelación Cefeo, ubicada a unos 7.000 años luz de la Tierra, dentro de la Vía Láctea. Esta foto es el resultado de un mosaico de imágenes realizado por el *Telescopio Espacial de Infrarrojos WISE*. Se estima que este cúmulo estelar surgió en los últimos cinco millones de años, por lo que es un grupo bastante joven.

En la imagen se muestra la distribución de galaxias en la Simulación Millennium, tanto sobre escalas muy grandes como para un pequeño racimo de galaxias donde se aprecian individualmente.

LAS NEBULOSAS

Antiguamente se creía que las nebulosas eran lo mismo que las galaxias. Sin embargo, hoy sabemos que las nebulosas forman parte del medio interestelar. Muchas de ellas son incubadoras de estrellas, aunque otras están asociadas con estrellas muy viejas. Existen distintos tipos de nebulosas:

- **Nebulosas oscuras.** Son aquellas que no están relacionadas con estrella alguna. No emiten ni reflejan luz, pero sí absorben la luz de objetos que están cerca, por esto también se las conoce como nebulosas de absorción.
- **Nebulosas de reflexión.** Son las que reflejan la luz de estrellas cercanas. Generalmente están conformadas por el residuo de la formación de esas estrellas y tienen un espectro de luz muy similar al de ellas.
- **Nebulosas de emisión.** Sufren una intensa radiación ultravioleta de estrellas cercanas. Hay de dos clases, unas asociadas a estrellas jóvenes y otras que son el remanente de la explosión de supernovas u otras estrellas, como las enanas blancas.

DE CÚMULOS Y GALAXIAS

Desde siempre, las galaxias se han clasificado teniendo en cuenta su forma aparente. Es así como reciben los nombres de galaxias elípticas, espirales, irregulares y anulares.
Los cúmulos estelares se clasifican en dos tipos: globulares y abiertos.

COPO DE NIEVE
Cúmulo estelar apodado por los científicos por la configuración que adopta. El *Telescopio Espacial Spitzer* de la NASA revela estrellas jóvenes –motas rosadas y rojas– detrás del polvo estelar.

Galaxias elípticas. Presentan grandes variaciones en cuanto a luminosidad, masa y tamaño. Por lo general van desde pequeñas galaxias que son parecidas en tamaño a los cúmulos globulares hasta grandes galaxias caníbales (que absorben grupos de estrellas de galaxias vecinas). A pesar de que en el pasado se creía que estaban compuestas por estrellas viejas, nuevas observaciones dan cuenta de que también pueden estar formadas por estrellas jóvenes provenientes de galaxias vecinas.

Galaxias espirales. Están compuestas por un bulbo rodeado de un disco plano formado por materia interestelar y estrellas jóvenes. El bulbo posee estrellas viejas y posiblemente un agujero negro en su centro. Se dividen a su vez en barradas (con banda central de estrellas), lenticulares (no poseen brazos) e irregulares.

Galaxias irregulares. Estas galaxias no entran dentro de las clasificaciones anteriores, el caos de su forma supone antiguas colisiones.

Galaxias anulares. Son galaxias poco frecuentes que presentan forma de anillo. Están conformadas por estrellas relativamente jóvenes y brillantes. El Objeto de Hoag es una de estas raras galaxias. Fue descubierta en 1950.

Los **cúmulos abiertos** generalmente están integrados por estrellas jóvenes que están ligadas gravitacionalmente, pero no tanto como en los cúmulos globulares. Se ubican cerca del disco galáctico (el centro de rotación de la galaxia), aunque suelen encontrarse distribuidos por toda la galaxia, por lo que también se los conoce como cúmulos galácticos.

Los **cúmulos globulares,** en cambio, son agrupaciones de estrellas viejas con una distribución esférica y se ubican cerca del halo (o región de espacio que rodea al centro de las galaxias espirales). Algunos son muy masivos y bastante numerosos. Poseen baja metalicidad y altas densidades, por lo que se producen colisiones frecuentes. Gracias a los cúmulos globulares se pudo calcular la posición relativa del Sol en nuestra galaxia. Hasta 1930 se creía que nuestro sistema se ubicaba cerca del centro. Esta idea dejó de tener preponderancia cuando, a partir de la ubicación y la distribución asimétrica de los cúmulos, pudo calcularse la ubicación verdadera.

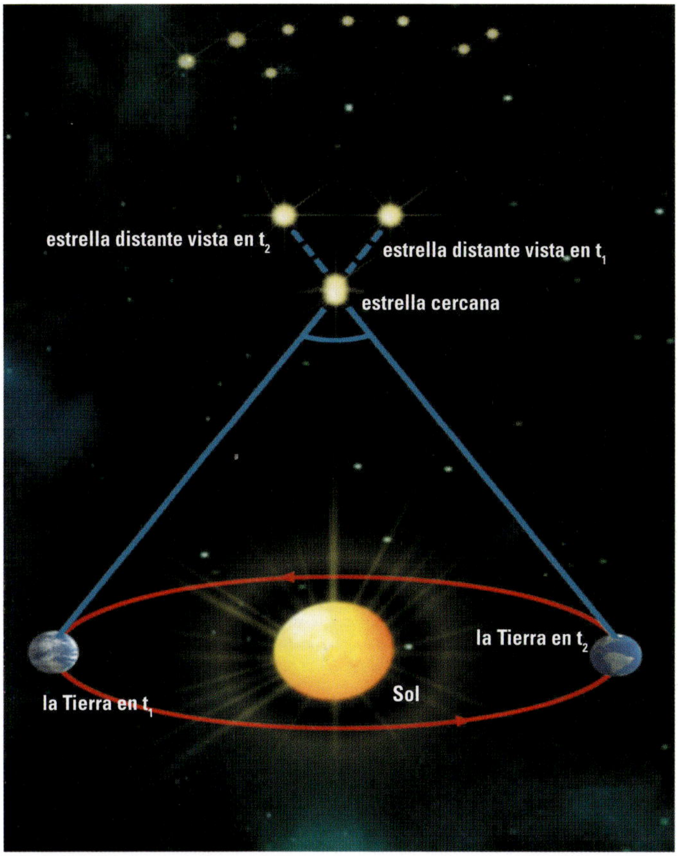

LA PARALAJE

Para entender este concepto astronómico haremos una prueba. Búsquese un objeto más o menos lejano y extiéndase un brazo, luego apúntese con el dedo índice al objeto elegido. Ciérrese uno de los ojos y alinéese el objeto de acuerdo con la punta del dedo. Cámbiese ahora de ojo, el que estaba abierto ciérrelo y abra el otro. Se descubrirá que la alineación ha cambiado. Ahora llevemos el ejemplo a la Tierra mientras gira alrededor del Sol. Si observamos una estrella, la veremos alineada con un determinado objeto; si volvemos a observarla seis meses después, habrá cambiado la alineación. El ángulo que se forma entre las dos distancias recorridas y el objeto es la paralaje, y permite calcular distancias.

LOS CÚMULOS ESTELARES

Mientras que las nebulosas están constituidas por gases y polvo y sólo pueden llegar a reflejar en algunos casos la luz de las estrellas que tienen cerca, los cúmulos estelares son propiamente agrupaciones de estrellas unidas por la fuerza gravitatoria. Estas asociaciones incluyen dos tipos: los cúmulos globulares y los cúmulos abiertos o galácticos. Se diferencian entre ellos por la edad de las estrellas que albergan –todas parecen estar en la misma etapa evolutiva–, por la densidad, la atracción gravitatoria, la metalicidad (presencia de elementos más pesados que el helio, llamados "metales") y por el tipo de órbita.

SISTEMAS ESTELARES Y GALAXIAS

Un sistema estelar está conformado por dos o más estrellas que orbitan un centro de gravedad común. Puede ser binario –sólo dos estrellas– o múltiple, los sistemas estelares múltiples suelen ser muy inestables. La mayoría de las estrellas que vemos a simple vista forman parte de sistemas múltiples.

OBJETO DE HOAG
Esta galaxia anular está ubicada a 600 millones de años luz, en la constelación de la Serpiente. Es una galaxia de estrellas jóvenes que rodea un cúmulo de estrellas viejas.

Las galaxias son sistemas compuestos por estrellas, gases, planetas, polvo y materia oscura, unidos por una fuerza gravitacional. Se sospecha que en el centro de la mayoría de ellas existen agujeros negros supermasivos. Muchas galaxias son potentes fuentes de rayos X, de radiación infrarroja y de ondas de radio. Algunas presentan chorros de radiación de miles de años luz de longitud.

INTERACCIÓN GALÁCTICA

Muchos sucesos en el Universo son extremadamente violentos. Las galaxias, lejos de ser brillantes carruseles repletos de estrellas, son en la mayoría de los casos voraces caníbales y en otros, toros desafiantes que colisionan entre sí. Aunque la primera imagen que pueda venir a la mente al pensar en un choque de galaxias sea la de una colisión entre estrellas, en la realidad es muy difícil que se produzca un impacto entre ellas, ya que el espacio interestelar es enorme. Lo que sucede por lo general es una deformación de su estructura.

En 1966 se conoció el *Atlas de galaxias peculiares (Atlas of Peculiar Galaxies)* realizado por el astrónomo estadounidense Halton Arp, quien compiló un catálogo en el que se muestran colisiones y canibalismo galáctico. De ahí surge la peculiar denominación de estos sistemas.

CHRISTIAAN HUYGENS (1629-1695)

Christiaan Huygens fue un astrónomo, físico y matemático holandés que introdujo importantes avances en el diseño de telescopios. Huygens comprobó que, cuanto mayor es la longitud focal de los objetivos, mejores imágenes proporcionan, por lo que se dedicó a construir instrumentos focales cada vez más grandes. Así fabricó un telescopio de 5 cm de diámetro y más de tres metros y medio de longitud, con el que consiguió tener unos cincuenta aumentos. Gracias a este instrumento vio el único anillo de Saturno y descubrió el satélite Titán (25 de marzo de 1655). Publicó esta noticia un año más tarde, tras haberlo seguido durante varios meses para asegurarse de su período y su órbita.

GRUPO LOCAL

Hemos visto que los cúmulos de galaxias colman el Universo, algunos agrupan unas pocas docenas de galaxias mientras otros contienen a miles. Dijimos también que hay agregados más grandes, los supercúmulos. Estas agrupaciones están separadas por grandes zonas de vacío. Dentro del Supercúmulo de Virgo se encuentra el Grupo Local, es decir, el grupo de galaxias al que pertenece la Vía Láctea.

Sistema de Andrómeda: M32; M110; NGC 147; NGC 185; Andrómeda I hasta Andrómeda VII.

Sistema de la Vía Láctea: Enana de Sagitario; Enana del Can Mayor; Gran Nube de Magallanes; Pequeña Nube de Magallanes; Enana de la Osa Menor; Enana de Draco; Enana de Carina; Enana de Sextans; Enana del Escultor; Enana de Fornax; Enana de Tucana; Leo I, y Leo II.

Sistema del Triángulo: Enana de Piscis.

Dentro del Grupo Local, Andrómeda y la Vía Láctea se están moviendo hacia el mismo punto, por lo que se supone que colisionarán en el futuro. A su vez, el Supercúmulo Local al que pertenece el Grupo Local está siendo arrastrado hacia el Gran Atractor, una anomalía gravitacional ubicada a unos 200 millones de años luz de distancia y hacia donde se dirigen todas las galaxias del Supercúmulo Local.

ATLAS DE GALAXIAS PECULIARES

1 ARP 272 donde se ve la colisión de dos galaxias espirales en la constelación de Hércules.

2 ARP 194 contiene varias galaxias, junto con una "fuente cósmica" de estrellas, gas y polvo que se extiende por más de 100.000 años luz.

3 ARP 148 encuentro entre dos galaxias en la constelación de la Osa Mayor.

ORGANIZACIÓN GALÁCTICA

En Rusia existen unas muñecas llamadas *matrioskas*, cuya originalidad consiste en que son huecas y dentro de ellas albergan otra muñeca más pequeña y así hasta llegar a veces a un número de 20. El Universo es una especie de *matrioska*. Nuestra Vía Láctea pertenece a un grupo mayor denominado Grupo Local, conformado por galaxias vecinas, que a su vez está dentro de un cúmulo mayor, el Supercúmulo Local o Supercúmulo de Virgo, donde los cúmulos se mantienen unidos por la fuerza de gravedad. Este supercúmulo no es la última *matrioska*, pertenece junto con otros supercúmulos a un hipercúmulo o nube de galaxias que conforman filamentos de galaxias también llamados la Gran Muralla.

LA GRAN MURALLA DE SLOAN

Hasta 1989 las estructuras más grandes del Universo eran los supercúmulos, que agrupaban a millones de galaxias. Por esa época Margaret Geller, del Observatorio Astrofísico Smithsoniano, en su

3

EQUIVALENCIAS ASTRONÓMICAS

Las distancias en astronomía son tan enormes que se crearon unidades especiales para medirlas, entre ellas se encuentra la unidad astronómica (ua), que es de alrededor de 149.597.870 km –distancia media entre la Tierra y el Sol–, los años luz –distancia que recorre la luz en un año, cerca de 9,5 billones de km–, y otras como los parsecs (pc), que deriva del inglés *parallax of one arc second* (paralaje de un segundo de arco) y cuya equivalencia es:
1 parsec = 206.265 ua
1 parsec = 3,2616 años luz

trabajo sobre mapeo de materia oscura del Universo descubrió, junto con John Huchra, delgadas murallas de supercúmulos galácticos. Cuando se creía haber descubierto el límite, en 2003 dos científicos de la Universidad de Princeton hicieron un descubrimiento aún mayor. La Gran Muralla de Sloan mide 1.370 millones de año luz, casi tres veces más que la anterior. Y por el momento es la estructura más grande descubierta en el Universo.

LA VÍA LÁCTEA

Al observar el cielo estrellado se destaca una franja de luminosidad difusa y de contornos irregulares que surca la bóveda celeste: es la Vía Láctea. Algunos filósofos y astrónomos habían sugerido que se trataba, en realidad, de una acumulación de estrellas demasiado diminutas y cercanas las unas a las otras para poder distinguirlas a simple vista. Esta hipótesis fue confirmada en 1610, cuando Galileo Galilei dirigió por primera vez un telescopio hacia el firmamento nocturno.

LAS MEDIDAS DEL UNIVERSO

Imaginar la vastedad del espacio es una tarea casi imposible, pero para lograr una aproximación se ha representado a nuestra galaxia como un punto dentro del Supercúmulo Local al cual pertenecemos. En el fondo aparecen puntos luminosos que no representan estrellas ni galaxias, sino otros cúmulos galácticos.

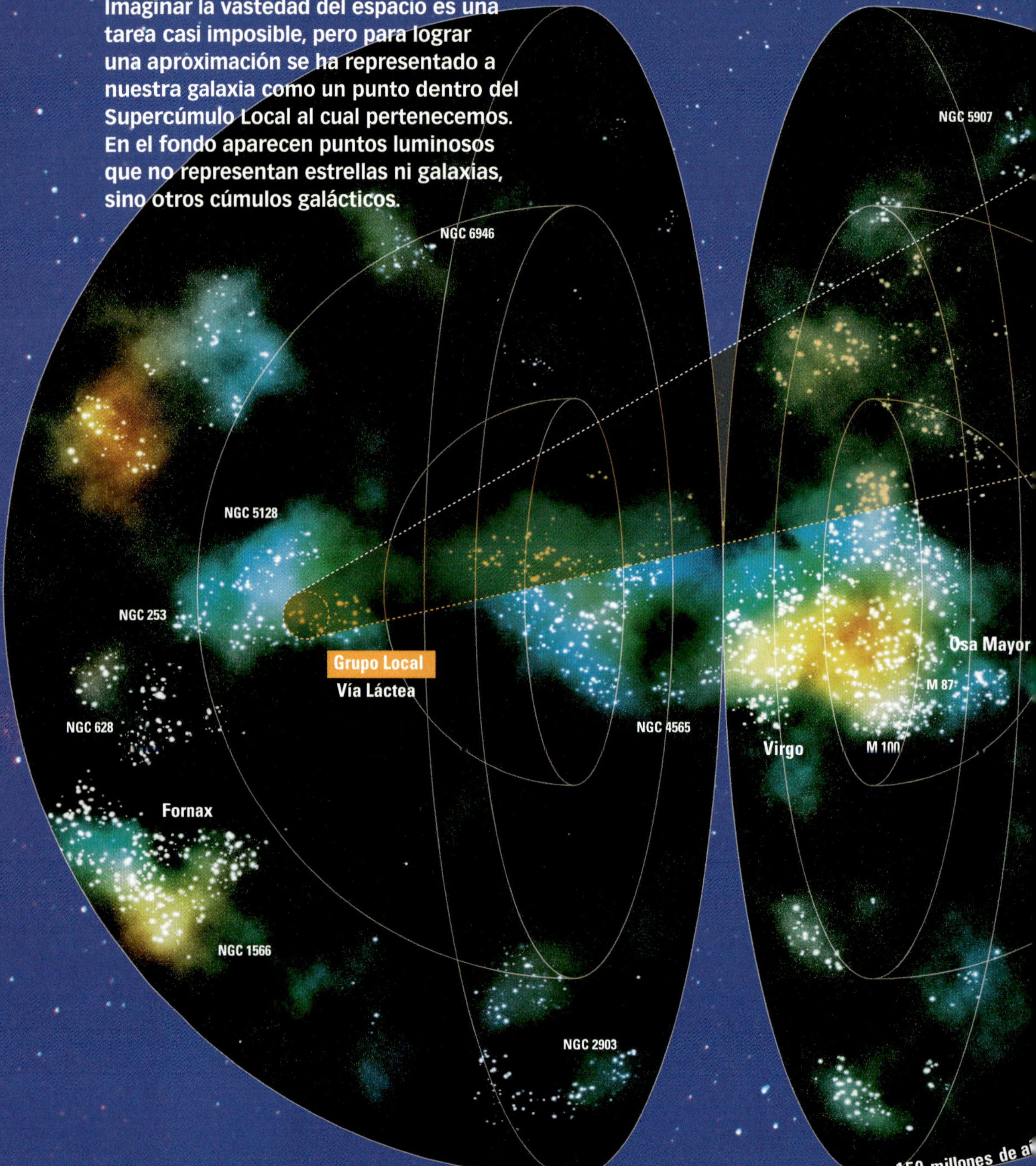

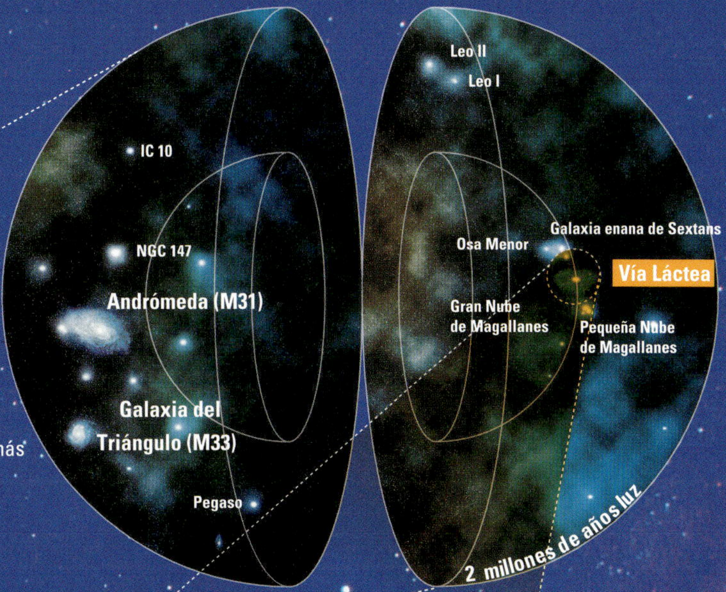

EL GRUPO LOCAL
Está compuesto por galaxias pequeñas y por Andrómeda, una galaxia espiralada aún más grande que la Vía Láctea.

NUESTRO REINO GALÁCTICO
Está integrado por cúmulos de galaxias satélites como las nubes de Magallanes y la galaxia enana de Sagitario.

VECINDAD DE NUESTRO SOL
Está conformada por estrellas que se encuentran a no más de 20 años luz de nosotros. Algunas son muy brillantes, como Altair y Sirio.

NUESTRO SISTEMA SOLAR
está formado por el Sol, una estrella que tiene el 99% de la masa del sistema, y planetas, planetas enanos, asteriodes, satélites, cometas y objetos del Cinturón de Kuiper.

BRAZOS DE LA VÍA LÁCTEA

A partir de imágenes infrarrojas del *Telescopio Espacial Spitzer*, de la NASA, los científicos han descubierto que dominan la estructura espiral de la Vía Láctea dos brazos unidos a una barra central de estrellas.

A partir de este descubrimiento, fue tomando cuerpo la idea de que todas las estrellas del firmamento forman parte de un único sistema, del que la franja visible de la Vía Láctea sería la formación más destacada.

La ciencia ha avanzado mucho desde entonces, y hoy es posible dar ciertas precisiones acerca de la forma y la dimensión de la galaxia, que hasta ahora eran verdaderos enigmas. Por ejemplo, en la actualidad sabemos que la Vía Láctea es la galaxia en la que se encuentra el Sistema Solar y que alberga de 200.000 a 400.000 millones de estrellas. Es una espiral con una barra central de estrellas cuyo diámetro aproximado es de 100.000 años luz. Su período de rotación es de 200 millones de años, por lo que se supone que muchas de las estrellas que alberga no estarán con vida para el final de este ciclo.

Posee un halo exterior que la envuelve, donde la concentración de estrellas es muy baja, y un halo interior donde se encuentran cúmulos globulares con estrellas maduras seguramente de la época en que la galaxia apenas había comenzado su formación. El centro de la galaxia o bulbo se comporta como un sólido y se cree que allí existe un agujero negro al que llaman Sagitario A. La Vía Láctea posee además galaxias satélite; las dos mayores son las nubes de Magallanes y la galaxia elíptica enana de Sagitario.

ANDRÓMEDA

La galaxia de Andrómeda M31 fue descrita por primera vez por Azophi, en Persia, como una nube pequeña en la constelación de Andrómeda. El primer registro de observación telescópica data de 1612 y un siglo y medio después Charles Messier la incluyó en su catálogo. Es el objeto más distante del Universo que se puede ver a simple vista desde la Tierra, aunque no es fácil siquiera para el ojo entrenado: está a 2,5 millones de años luz. Es una galaxia espiral gigante, con una masa de aproximadamente una vez y media la masa de la Vía Láctea. También es la más brillante del Grupo Local, del cual forma parte. Recientemente se ha descubierto que presenta en su centro una barra y un agujero negro supermasivo, es decir, que sería parecida a la Vía Láctea. En 2005 se estimó que Andrómeda tiene un diámetro de alrededor de 220.000 años luz, el doble que nuestra galaxia. Por el tipo de cúmulos globulares que posee se cree que alcanzó su tamaño fagocitando galaxias menores.

También como la Vía Láctea, presenta numerosas galaxias satélite, entre ellas la galaxia del Triángulo e innumerables galaxias elípticas enanas.

GRAN NUBE DE MAGALLANES

Se trata de una de las principales galaxias satélite de la Vía Láctea. Es una galaxia enana que se encuentra a 160.000 años luz de distancia. Se ve a simple vista desde la Tierra en algunas latitudes.

UNA ESTRELLA VARIABLE CEFEIDA

Las estrellas cefeidas son una clase particular de estrellas que presentan una variabilidad en la luminosidad durante un período regular de tiempo. Deben su nombre a Delta Cephei, de la constelación Cefeo. Lo curioso de estas estrellas es que incrementan hasta cuatro veces su luz. Los mecanismos de pulsación dependen de las características propias de cada estrella. Conocida su ubicación, sirven de indicadores de distancia especialmente para magnitudes extragalácticas, ya que, al identificar una cefeida lejana y medir su período de pulsación, permite calcular la distancia a la que se encuentra y, por extensión, la galaxia misma.

PERTENECEMOS A LA VÍA LÁCTEA

No hace mucho una noticia nos expulsaba prácticamente de la Vía Láctea. Al parecer modernos mapeos infrarrojos del cielo nos ubicaban como pertenecientes a la galaxia enana de Sagitario. Se sostenía además que estábamos en pleno proceso de fagocitación, corroborado esto en el nunca aclarado misterio de no compartir el mismo plano galáctico con otras estrellas. El equipo de investigadores que se atribuía el hallazgo era de dos universidades de los Estados Unidos. En espera de la confirmación, los científicos responsables negaron la noticia y ningún investigador competente avaló esta posición.

Antes de que el navegante Fernando de Magallanes la diera a conocer en Occidente, un astrónomo persa la menciona como Al Bakr en 964. Por mucho tiempo se la consideró la galaxia más cercana, hasta que en 2003 la galaxia enana del Can Mayor le retiró el título. Contiene alrededor de 10.000 millones de estrellas y está pasando por una fase de formación estelar intensa. En la periferia se observó la supernova SN 1987A, que ha sido la más cercana observada en 100 años.

CARTOGRAFÍA CELESTE

El descubrimiento de los distintos elementos que mencionamos en este capítulo no se hizo sino a lo largo de miles de años, a partir de las observaciones e investigaciones de cientos de hombres y mujeres que dirigieron su atención hacia el firmamento e intentaron encontrar explicaciones para los fenómenos que allí observaban.

La capacidad de representar hechos y cosas diferenció al hombre del resto de los animales. Ya en la Edad de Bronce esta capacidad quedaría evidenciada en algunos dibujos astronómicos que incluyen imágenes de la Luna, el Sol y estrellas aisladas.

Un poco más cercanas en la historia, las otras referencias cosmográficas precientíficas provienen de los griegos, como se desprende de la descripción del escudo de Aquiles que se hace en *La Ilíada*. La descripción comienza con la Tierra, la Luna, el Sol y las constelaciones cinceladas en el centro.

En el siglo II la hipótesis geocéntrica de Ptolomeo (siglo I-II d.C.) estuvo desarrollada en su célebre *Almagesto*, que además contenía el catálogo estelar más completo de la Antigüedad. Su uso se extendió hasta la Edad Media. En este período aparecieron algunas tablas que contenían las posiciones de los cuerpos celestes, como las Andalusíes y las Alfonsíes, fechadas en el siglo XIII.

Para fines del siglo XVIII el astrónomo francés Charles Messier hizo una lista de 110 objetos astronómicos y los catalogó por su posición sin importar lo diversos que eran entre sí. Su influencia llegó hasta el astrónomo alemán William Herschel, que, al ver lo limitado del Catálogo Messier, decidió realizar uno propio. Ideó un método de recuento de estrellas en ciertas áreas del cielo y descubrió 2.514 objetos astronómicos nuevos. En la actualidad el cielo está barrido por poderosos satélites con sensores de diferentes espectros de radiación capaces de llegar hasta los confines del Universo.

La enana del Can Mayor es una galaxia perteneciente al Grupo Local descubierta hace poco. Es, por lo visto, la más próxima a la Vía Láctea: está a unos 25.000 años luz, por lo que resulta más cercana a la Tierra que el centro de nuestra galaxia. Por su tamaño, y porque está ubicada en una zona con altas concentraciones de gas, estrellas y polvo, no se la había visto hasta ahora.

MILTON HUMASON (1891-1972)

Cuenta la leyenda que este astrónomo encontró su vocación cuando se enamoró de la hija de un ingeniero del observatorio que estaba ayudando a construir.

A comienzos del siglo XX la ciudad de Los Ángeles en los Estados Unidos era un lugar de cielos cristalinos. Por ese entonces comenzó la construcción en el Monte Wilson de un observatorio destinado a ser recordado en la historia porque allí Edwin Hubble descubriría una de las pruebas sobre la que se apoya el conocimiento actual del Universo: el desplazamiento o corrimiento al rojo de las galaxias.

El trabajo era arduo. Había que subir hasta la cima del monte todos los materiales, además de pesados artefactos. Parte de la construcción incluía acarrear las delicadas piezas del telescopio *Hooker*, llamado así en honor al magnate estadounidense que a instancias de su hijo donó el dinero para que se construyera. Se necesitaban muchos peones para ayudar con el trabajo. Uno de ellos era más dispuesto y emprendedor que el resto. Milton Humason, a pesar de su poca instrucción, comenzó a interesarse por todos los instrumentos que ayudaba a transportar. Era un joven con instrucción básica pero curioso y sumamente inteligente. Se cuenta que era aficionado a las cartas y estaba bien dispuesto a realizar todo tipo de trabajos. Allí conoció a la hija de uno de los ingenieros, con quien luego se casaría, y decidió quedarse en el observatorio de manera permanente. Una vez construido el observatorio se quedó cumpliendo diversos oficios, desde la limpieza hasta la electricidad. Y poco a poco fue encargándose de más tareas, hasta que un día tuvo la oportunidad de reemplazar al ayudante de telescopio. Su espíritu curioso y su extraordinaria capacidad pronto lo llevaron a ser el ayudante de Hubble, quien quedó impresionado por la capacidad de Humason, considerándolo como un par. Juntos midieron el espectro de galaxias distantes y con el tiempo se especializó en espectroscopia, además de realizar innumerables trabajos científicos sobre el tema. Descubrió el cometa Humason y un cráter en la Luna también fue bautizado con su nombre. Fue nombrado doctor honoris causa de la Universidad Lund de Suecia y considerado miembro de la comunidad astronómica estadounidense.

Falleció a los 81 años. Para ese momento había publicado más de un centenar de artículos sobre astronomía y astrofísica.

MILTON HUMASON en Monte Palomar, astrónomo experto en espectroscopia.

GALAXIA NGC 4388
es una galaxia activa que tiene un centro muy brillante y una inmensa nube de gas de 100.000 años luz de distancia, posiblemente albergue un agujero negro supermasivo.

3 Los cuerpos estelares

Las estrellas siempre cautivaron al ser humano. En el inicio fueron guía para los navegantes, musas para los artistas, referencia para los agricultores e incluso oráculo para brujos y chamanes. Luego la ciencia se abrió camino en este mundo luminoso y se encargó de agrupar y clasificar estos puntos brillantes en distintas categorías y de describir sus orígenes, características y comportamiento en un fascinante catálogo de estrellas, constelaciones, cúmulos estelares y galaxias.

Los cuerpos estelares

¿QUÉ ES EL ÁTOMO?

Los modelos que explican el átomo han variado a lo largo de la historia. En la actualidad la teoría cuántica aporta un nuevo modelo. Generalizando se podría decir que la teoría describe al átomo con un núcleo, formado por protones y neutrones, alrededor del cual se encuentra una nube de electrones. El núcleo es 100.000 veces más pequeño que el átomo y concentra casi el 100% de su masa.

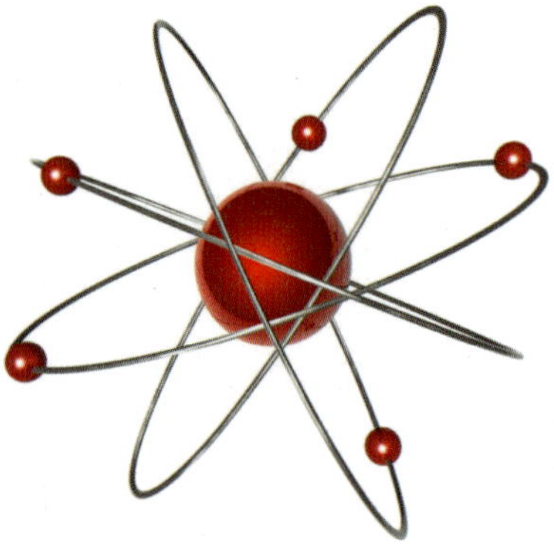

Es fácil imaginar que el humano primitivo miraba el cielo y sentía curiosidad por ciertos fenómenos recurrentes, como las fases de la Luna, los eclipses, la intensidad de la luz solar y, especialmente, las estrellas. La observación astronómica surge de la incertidumbre del ser humano ante los fenómenos naturales y de su necesidad de conocerlos para aprovecharlos en sus actividades cotidianas. La magia, estrechamente vinculada en sus comienzos a la astrología, dio paso a una rigurosa disciplina científica que, con el paso de los años y gracias a la constancia de estudiosos de diversos campos, ha experimentado profundas innovaciones, permitiéndonos en la actualidad conocer la composición y la estructura, así como los desplazamientos, de los más alejados cuerpos celestes.

En la Antigüedad, las estrellas sirvieron de guía a exploradores y navegantes, ayudaron a determinar las temporadas de cosechas y fueron consideradas augures de grandes acontecimientos. Su aparente cercanía hizo que se las incorporara al mundo de los humanos y desde los comienzos les dimos nombres. En un principio, las estrellas fueron agrupadas de acuerdo con el lugar que ocupaban en el cielo. Surgieron entonces las constelaciones: dibujos caprichosos y cambiantes que respondían a analogías que sólo el ojo podía distinguir. Poco después pasaron de ser luces a ser estrellas, y con el tiempo fueron galaxias. Más tarde, se clasificaron los cúmulos y los supercúmulos.

En la actualidad, hemos llegado a las Grandes Murallas. Este patrón de organización jerárquica que el Universo parece seguir (en cuanto a las caracterizaciones visibles de materia y luz) se conoce gracias a distintos estratos de radiación que emiten las diversas estructuras. Pero aún hay muchos misterios por desvelar y la ciencia, por suerte, nunca descansa.

LAS ESTRELLAS

Si alguien quisiera llevar al límite la pregunta sobre la composición de la materia, es decir, si se quisiera saber cuál es el elemento último del que están hechas todas las cosas, podría responderse que es el átomo. No importa de qué cosa se trate, desde una simple roca hasta un hermoso tigre, todo está conformado por átomos. Ahora bien, si se interrogara por la procedencia de los átomos, la respuesta habría que buscarla en las estrellas. Salvo el hidrógeno y el helio, que provienen del Big Bang, todos los átomos son "fabricados" por las estrellas.

FORMACIÓN DE ESTRELLAS

En el Universo, allí donde abunda el gas y el polvo estelar seguramente encontraremos la cuna de muchas estrellas. Las estrellas

LA NEBULOSA DE ORIÓN (NGC 1976) es una de las regiones de formación estelar donde podemos ver el proceso de nacimiento de millares de estrellas. Este gas se ilumina con la luz de estrellas cercanas, es el "brillonube" *(cloudshine)*.

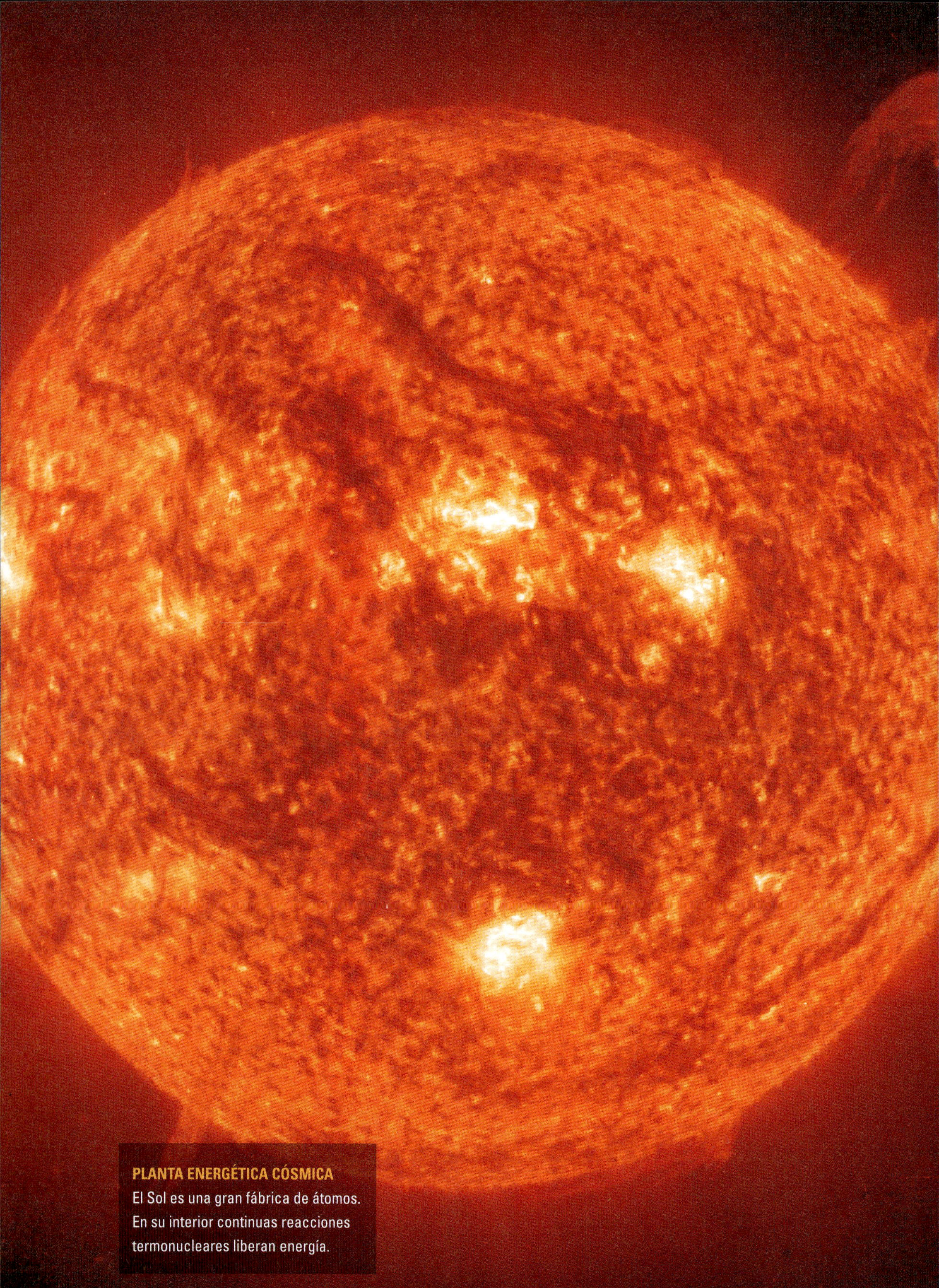

PLANTA ENERGÉTICA CÓSMICA
El Sol es una gran fábrica de átomos. En su interior continuas reacciones termonucleares liberan energía.

nacen como una nebulosa de hidrógeno que se contrae y se calienta por efecto de la fuerza de gravedad. Esa contracción eleva la temperatura hasta que es lo suficientemente alta como para que el hidrógeno se fusione en helio, liberando una cantidad enorme de energía que, abriéndose paso hacia la superficie de la estrella, emergerá en forma de luz visible. Los procesos nucleares del centro generan una presión hacia fuera que contiene el empuje gravitatorio y detiene la contracción. La estrella, entonces, está en equilibrio. Pero sólo hasta que se acabe el hidrógeno: ese momento será el principio del fin de la estrella.

DISCO DE ACRECIÓN

En las etapas iniciales de la evolución estelar, parte del material suele formar un disco alrededor de la protoestrella debido a la rotación de la nube de gas y polvo. A este fenómeno se lo llama "disco de acreción".

EVOLUCIÓN ESTELAR

Cuando miramos una noche estrellada, nos llega de ellas la luz producida por la fusión nuclear en su centro. Producto de esta fusión los fotones escapan de su centro a la superficie irradiando luz. Pero los fotones no explican por sí solos el brillo de una estrella. Semioculto hay otro resplandor: son los neutrinos. Ellos constituyen aún un misterio por desvelar, aunque se sabe que casi no

BROTES DE RAYOS GAMMA
También llamados GRB por sus siglas en inglés, son destellos de rayos gamma originados en explosiones en galaxias lejanas. Están asociados al colapso de una estrella que luego formará un agujero negro.

interaccionan con la materia, se desplazan a velocidades cercanas a la velocidad de la luz y los investigadores han descubierto hace poco que poseen una masa muy pequeña.

Ahora bien, dijimos que el brillo de una estrella depende de la fusión del hidrógeno que tiene lugar en su centro. Sin embargo, este proceso no puede continuar indefinidamente, lo que implica que en algún momento la estrella deberá apagarse. El tiempo que tome esta evolución dependerá en gran parte de la masa inicial de la estrella.

EL FIN DE UNA ESTRELLA

Dentro de 5.000 millones de años aproximadamente todo el hidrógeno del centro del Sol se habrá transformado en helio, y la zona de fusión de hidrógeno migrará hacia el exterior conformando una cascada de reacciones termonucleares. Mientras tanto, una contracción de su núcleo rico ahora en helio aumentará las temperaturas y presiones del núcleo hasta el punto de encender otra vez la estrella y desatar nuevas fusiones nucleares, esta vez del helio, y se expandirá absorbiendo en su camino a los planetas cercanos del Sistema Solar, entre ellos la Tierra. Se habrá convertido en una gigante roja.

El Sol, en su agonía, se expandirá y contraerá hasta expulsar su atmósfera al espacio. Quedará entonces una nebulosa como muestra de lo que antes fue, y en el centro una pequeña estrella caliente con una densidad enorme. Miles de millones de años después se convertirá en enana blanca (estrella fría estable).

Este proceso final de las estrellas variará de acuerdo con la masa que posean: cuanta más masa, más rápidamente gastarán su combustible nuclear.

En este proceso de colapso los átomos sintetizados en el interior de las estrellas son devueltos al gas interestelar. Todo lo que nos compone, incluso el calcio de nuestros dientes, fue tomado de las estrellas después de que colapsaran: somos materia estelar.

CARACTERÍSTICAS, METALICIDAD Y ROTACIÓN DE LAS ESTRELLAS

Si bien la evolución estelar dependerá en gran parte de la masa que la estrella posea, otros factores interaccionan entre sí diferenciando el camino que cada una seguirá hacia el final de su vida.

Tras el Big Bang las primeras estrellas que se formaron estaban compuestas por hidrógeno y helio. En realidad, el 99% del Universo está compuesto por estos dos elementos. El núcleo del átomo de helio está formado por dos protones y dos neutrones, tres núcleos de helio forman un núcleo de carbono y cuatro forman oxígeno; cinco, neón, y así sucesivamente. Al añadir o restar protones y neutrones creamos nuevos elementos. Las estrellas han sido y

PILARES DE LA CREACIÓN
Imagen tomada por el *Telescopio Espacial Hubble*. Está en la nebulosa del Águila, a 7.000 años luz de distancia.

JOHANNES KEPLER
(1571-1630)

El temperamento de Kepler se vislumbra tanto en la investigación sistemática que condujo a la formulación de sus tres leyes del movimiento planetario como en la superación de los conceptos que regían su época.

Nació en Alemania en el seno de una familia protestante de escasos recursos, por lo que Kepler debió realizar algunos trabajos desde pequeño.

Su interés por la astronomía despertó en los primeros años y tras completar sus estudios se dedicó a tareas como la astrología, para poder sobrevivir.

Escribió un curioso libro, *Somnium (El sueño)*, por momentos autobiográfico, donde relata viajes espaciales y describe diversas condiciones de la Luna, entre ellas su superficie y "las violentas alternancias de calores y fríos extremos".

Fue colaborador de Tycho Brahe y a la muerte de éste heredó los manuscritos con todas sus investigaciones. Sólo en ese momento le fue posible acceder a los datos que Brahe guardaba con recelo. Y fue a partir de ellos que enunció las tres leyes del movimiento planetario conocidas como Leyes de Kepler.

El secreto arrancado a la naturaleza llevaría a la astronomía al grado de ciencia, y la capacidad de Kepler de superar los prejuicios haría de él un genio.

JOHANNES KEPLER
Retrato de Johannes Kepler pintado hacia 1610 por un artista desconocido.

Carl Sagan lo describe de la siguiente manera: "Era este seminario una especie de campo de entrenamiento donde adiestraban mentes jóvenes en el uso del armamento teológico contra la fortaleza del catolicismo romano. Kepler, tenaz, inteligente y ferozmente independiente soportó dos inhóspitos años en la desolación de Maulbronn, convirtiéndose en una persona solitaria e introvertida, cuyos pensamientos se centraban en su supuesta indignidad ante los ojos de Dios. [...]

Las ciencias de la Antigüedad clásica habían sido silenciadas hacía más de mil años, pero en la baja Edad Media algunos ecos débiles de esas voces, conservados por los estudiosos árabes, empezaron a insinuarse en los planes educativos europeos. [...] Confrontado a las corrientes intelectuales más vitales de su tiempo, su genio fue inmediatamente reconocido por sus profesores, uno de los cuales introdujo al joven estudiante en los peligrosos misterios de la hipótesis de Copérnico.

Un universo heliocéntrico hizo vibrar la cuerda religiosa de Kepler y se abrazó a ella con fervor. El Sol era una metáfora de Dios, alrededor de la cual giraba todo lo demás.

[...] Kepler proponía que las leyes físicas cuantitativas válidas en la Tierra sostienen también las leyes físicas cuantitativas que gobiernan los cielos. Fue la primera explicación no mística del movimiento de los cielos, explicación que convertiría a la Tierra en una provincia del Cosmos.

Nosotros nos movemos de acuerdo con leyes de la naturaleza que Kepler descubrió por primera vez. Cuando enviamos naves espaciales a los planetas, cuando observamos estrellas dobles o al estudiar el movimiento de las galaxias lejanas, comprobamos que las leyes de Kepler son obedecidas en todo el Universo".

Carl Sagan, *Cosmos*, Editorial Planeta, 1987.

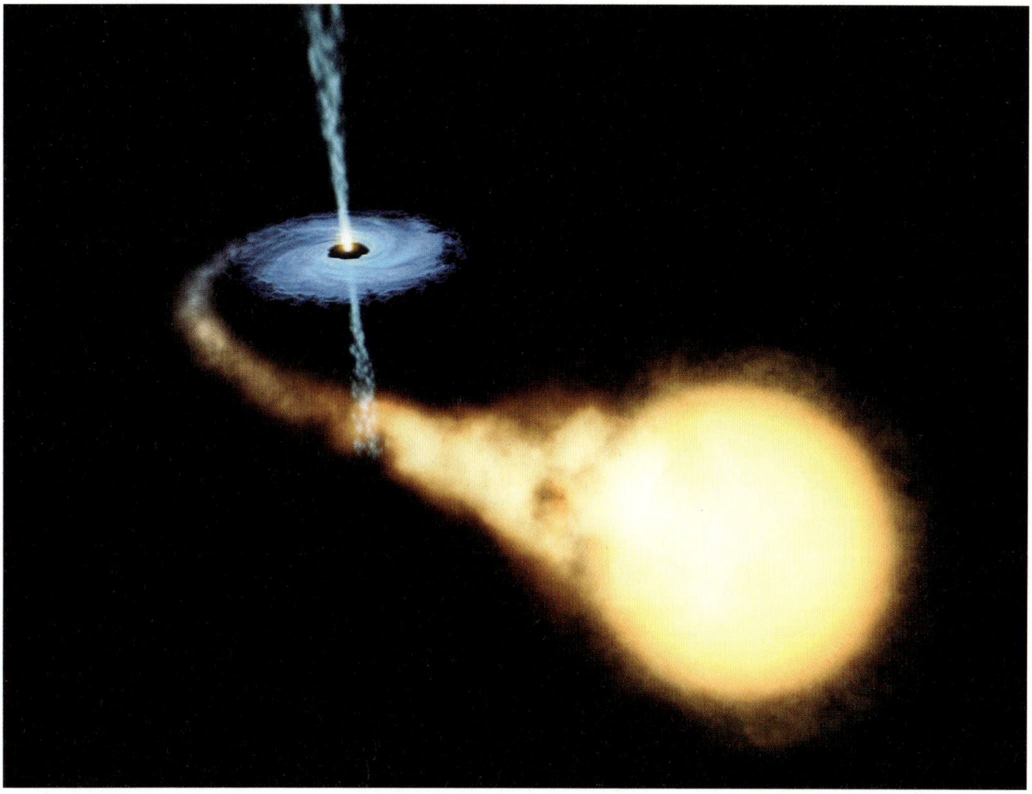

SISTEMA BINARIO
Descripción artística de un disco de acreción en un sistema binario.

siguen siendo grandes canteras donde los elementos livianos del principio se transmutan en otros más pesados.

Por ejemplo, cuando se formó nuestro Sol, alrededor del 2% de su masa eran metales. Esta metalicidad va a tener efectos en la evolución de la estrella.

La rotación es otra de las características que afecta la evolución de una estrella. El que una estrella gire más rápido o más lento tendrá consecuencias en la temperatura, la masa, la luminosidad y la gravedad. Todos estos efectos a la vez interaccionan con la metalicidad.

ESTRELLAS BINARIAS

Otro de los factores que puede influir en el curso que tome la evolución de una estrella es la cercanía de otra estrella. En el caso de estrellas binarias (dos estrellas que orbitan alrededor de un centro de gravedad común), puede suceder que la cercanía mutua altere tanto sus masas como su temperatura. Su destino final podría ser entonces una supernova Ia, brotes de rayos gamma o una binaria de rayos X, entre otros finales posibles.

DIAGRAMA DE HERTZSPRUNG-RUSSELL

ESTADÍSTICA DE LAS ESTRELLAS

El diagrama de Hertzsprung-Russell relaciona la temperatura de las estrellas con su luminosidad. En la rama diagonal se ubican las estrellas que transforman hidrógeno en helio. Las enanas rojas se ubican en la esquina fría y poco luminosa (3.000 grados K/0,2% de luminosidad). Cuando una estrella consume todo su hidrógeno, abandona la secuencia principal y se convierte en una gigante roja o en una supergigante roja. Las estrellas como el Sol culminan su vida como enanas blancas.

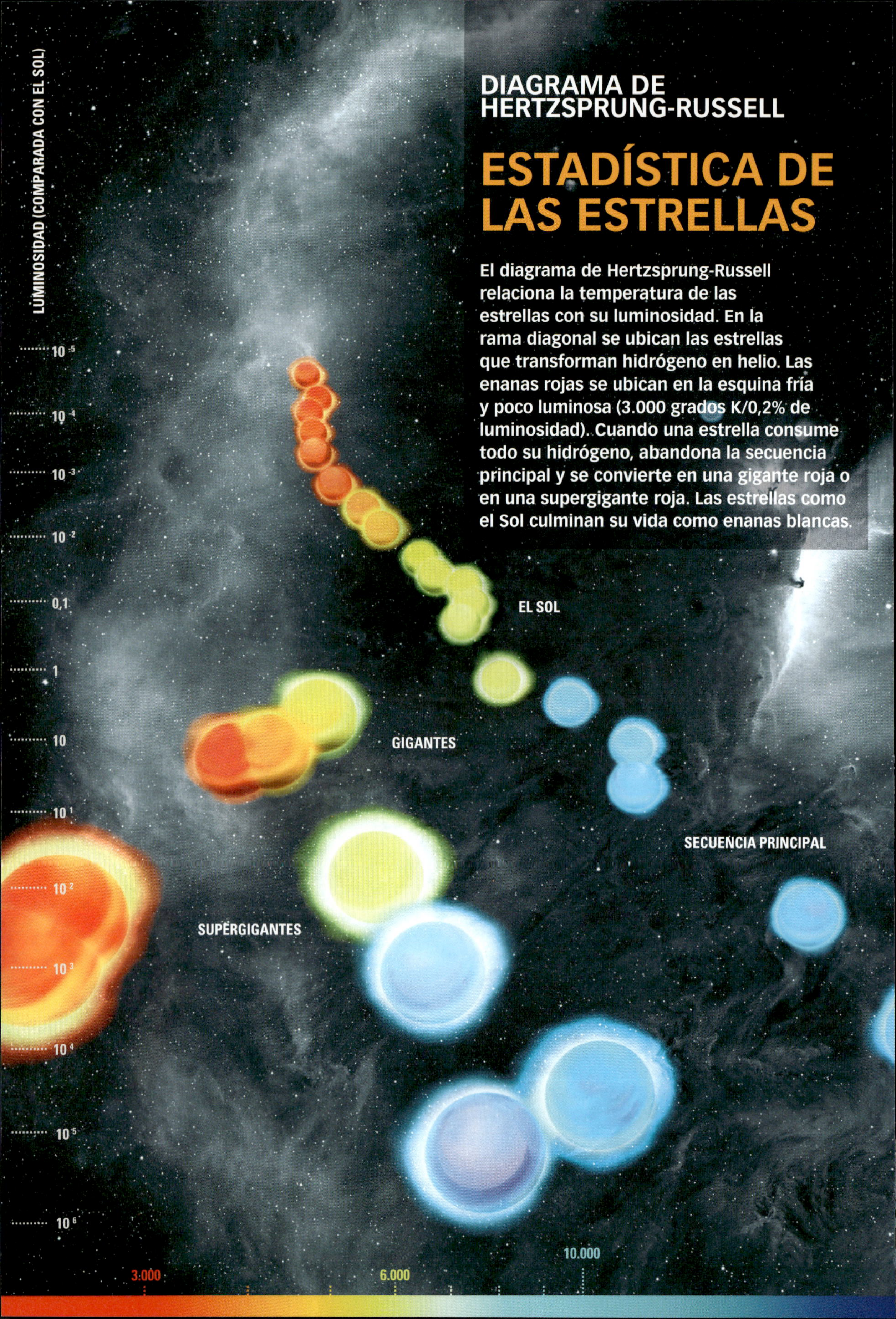

ALQUIMIA ESTELAR

Como ya hemos mencionado, la evolución de la vida en nuestro planeta está íntimamente ligada a la evolución de las estrellas. La materia de la que estamos hechos y todo lo que nos rodea alguna vez se generó en estrellas que terminaron sus días como supernovas o gigantes rojas. Aquellos espectaculares y distantes colapsos impulsaron el nacimiento de nuestro Sol, que es una estrella de segunda o tercera generación, es decir, que todo lo que nos rodea pasó por uno o dos ciclos previos; los elementos pesados que existen en la Tierra dan cuenta de esto.

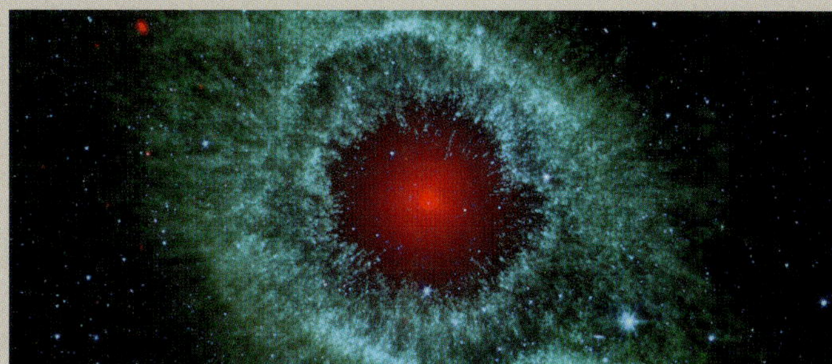

ENANA BLANCA
La nebulosa de la Hélice está a 650 años luz en la constelación de Acuario. Guarda en su centro a una enana blanca rodeada por los gases que ha expulsado. Nuestro Sol sufrirá la misma evolución cuando muera, dentro de 5.000 millones de años.

También puede suceder que una de ellas posea una masa superior a la de la otra, y consuma más rápido su combustible nuclear, completando su ciclo antes que su compañera. Dependiendo de la distancia a la que se encuentren, esto podría modificar drásticamente la evolución de la estrella menor.

SUPERNOVAS

Cuando una estrella masiva colapsa al final de su ciclo de vida, por lo general se convierte en una supernova. Este cataclismo cósmico emite gran cantidad de energía: una estrella moribunda produce la luz de una galaxia entera. No extraña entonces que muchas hayan podido ser observadas desde la Tierra a simple vista.

Desde la Antigüedad existen registros de supernovas. Pero la tecnología con que cuentan las agencias espaciales, especialmente la NASA, ha hecho aumentar ese registro de manera considerable. En 2006 registraron más de 500 y en 2007 se detectaron dos en una misma galaxia con espacio sólo de días, algo realmente sorprendente si se tiene en cuenta que en promedio se espera una supernova cada 100 años por una galaxia similar a la nuestra, es decir, de 200.000 millones de estrellas.

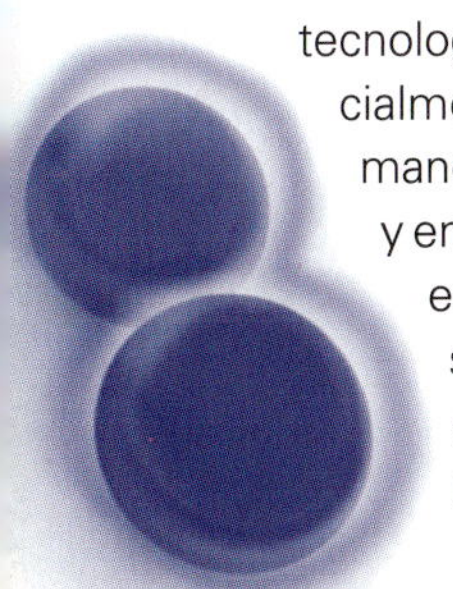

30.000

TEMPERATURA DE LA SUPERFICIE (EN GRADOS KELVIN)

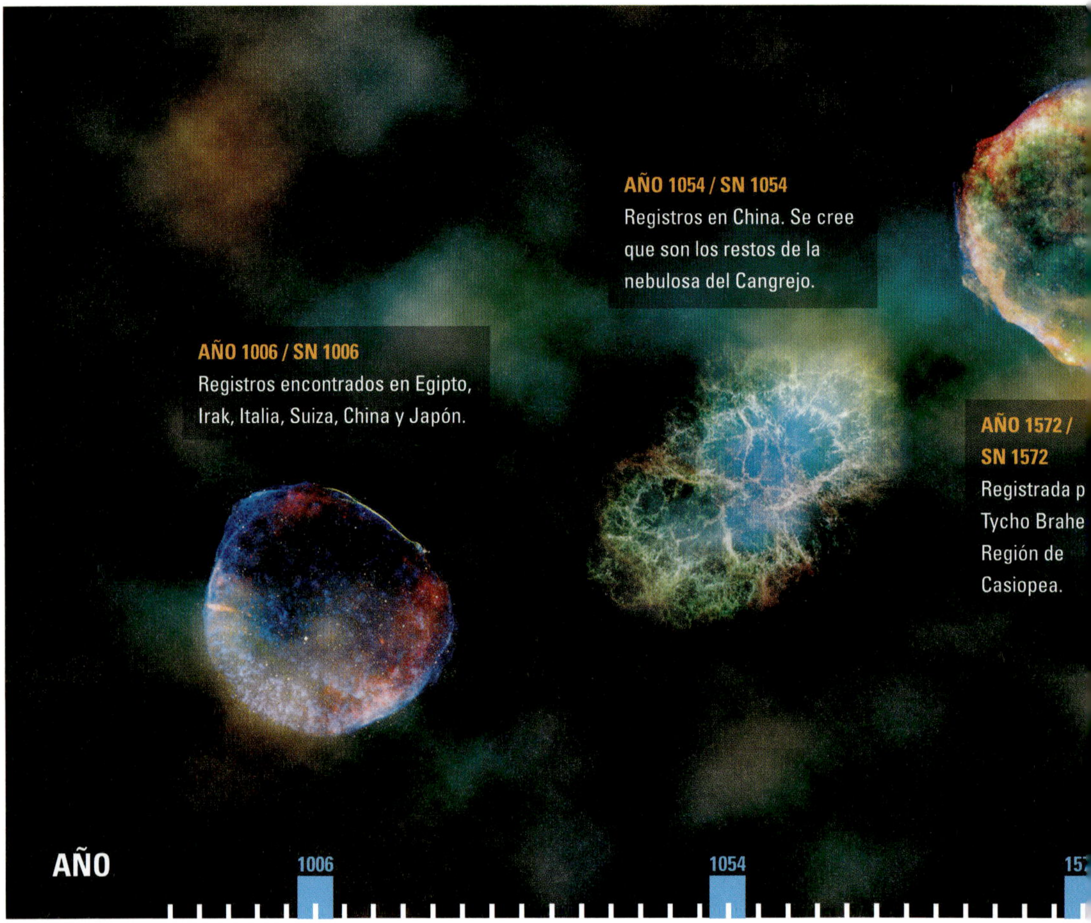

PÚLSARES

Tras la tremenda explosión de una supernova que proyecta al espacio la materia de la estrella original, queda un núcleo de neutrones que forma una estrella de neutrones que gira cada vez más rápidamente. Los electrones emiten radiación en frecuencias de radio y de luz visible, por lo que la antigua estrella se ha convertido en un faro cósmico. Su destello marca el tiempo mejor que un reloj de precisión. Por esta regularidad se lo ha llamado púlsar. En este punto, cabe aclarar que el remanente de una supernova no siempre ni en todos los casos es un púlsar. Existe también la posibilidad de que sea un agujero negro.

CLASIFICACIÓN ESTELAR

Existen diversos sistemas de clasificación estelar. Algunas clasificaciones parten de una visión ya superada que data de hace unos siglos, por eso muchos nombres que se les han asignado a las estrellas inducen a

AÑO 1604 / SUPERNOVA OPHIUCHUS
Registrada por Kepler. Es la última supernova observada en la Vía Láctea, aunque sí se han visto en otras galaxias.

OBSERVATORIO ESPACIAL SWIFT

Los observatorios espaciales, a partir de 2000, han inaugurado investigaciones antes inimaginables. Uno de estos proyectos lo está llevando adelante el Centro de Vuelo Espacial Goddard de la NASA, que se dedica a buscar y captar imágenes de supernovas con la ayuda del satélite *Swift*. Este aparato posee tres instrumentos que permiten investigar un evento con rayos gamma, rayos X y rayos ultravioleta. Todos ellos se conjugan para obtener registros completos de un suceso, en especial los brotes de rayos gamma. El *Swift* puede detectar en 15 segundos un evento de este tipo y reorientar sus sensores hacia allí.

confusión por usar un mismo término para clasificar estrellas diferentes. A veces se refieren a un período evolutivo, mientras que el mismo término describe un aspecto de la estrella en cuestión. De las clasificaciones que aparecen abajo, los tres últimos tipos son complementarios:

- **Clasificación gravitacional** de estrellas recientemente aceptada por la Unión Astronómica Internacional; sigue cuatro criterios referidos a si son solitarias o si están acompañadas, en cuyo caso distingue las características de esta compañía.
- **Clasificación de estrellas según magnitudes** que fue realizada por Hiparco en 134 a. C. Esta clasificación dividía a las estrellas en seis magnitudes de acuerdo con su brillo, asignando el valor 1 a las más brillantes.
- **Clasificación por tipos espectrales** que es la clasificación más usada en astronomía. Las estrellas se clasifican de las más cálidas a las más frías.

TYCHO BRAHE
(1546-1601)

Considerado el astrónomo más grande de su tiempo, sus observaciones, previas a la invención del telescopio, dieron nuevo rumbo a la astronomía.

TYCHO BRAHE
Los datos de sus investigaciones quedaron en manos de su discípulo Johannes Kepler.

Tycho Brahe nació en Escania, Dinamarca (actual Suecia), el 14 de diciembre de 1546. Estudió en Copenhague y en Leipzig. En un principio y a instancias de su padrino, con quien vivió desde los 2 años, estudió derecho y filosofía, aunque su gran afición fue la astronomía. Gran observador del cielo, a los 16 años una conjunción entre Saturno y Júpiter le hizo comprobar que las Tablas Alfonsíes eran incorrectas, ya que predecían con un mes de atraso el suceso. Gracias a su espíritu obsesivo y minucioso realizó observaciones exactas y creó instrumentos más precisos que los utilizados en su época.

En 1572 un hecho vendría a contradecir la visión del cielo aceptada hasta ese momento. En el atardecer del 11 de noviembre, en una de las tantas miradas al cielo, descubrió una estrella nunca antes vista en la constelación de Casiopea. Llamó a la estrella Stella Nova (estrella nueva), actualmente conocida como supernova de Tycho. La observó durante un año y medio, tratando de calcular la distancia con el método de la paralaje. Pero llegó a la conclusión de que no tenía paralaje, dada la enorme distancia a la que se encontraba.

También realizó un catálogo astronómico con las posiciones precisas de 777 estrellas que luego amplió a 1.000, y calculó la longitud de un año con un error menor que un segundo. Sus influencias en la corte de Federico II de Dinamarca posibilitaron la construcción de dos observatorios en la isla de Hven, donde llevó a cabo mediciones sistemáticas.

Uraniborg (Ciudad de Urania) y Stjerneborg (Ciudad de las Estrellas) fueron los nombres que recibieron estos observatorios. En Uraniborg había instalado un laboratorio donde realizaba experimentos de alquimia. También contaba con instrumentos diseñados por él mismo cuya precisión le permitió medir con exactitud las posiciones de estrellas y planetas.

Brahe no pudo desprenderse de la visión aristotélica de su época, que ubicaba a la Tierra en el centro del Universo. Esta visión estática lo llevó a concebir un sistema a medio camino entre el geocéntrico y el heliocéntrico, en el cual Mercurio, Venus, Marte, Júpiter y Saturno giraban alrededor del Sol, y éste a su vez giraba, con el resto de los planetas, alrededor de la Tierra.

Era también un apasionado por la astrología, ciencia que practicaban muchos astrónomos de la época en la creencia de que los astros influían en el carácter de las personas. Murió en Praga, donde había vivido en sus últimos años.

Las observaciones del cielo y los cálculos precisos realizados por Tycho Brahe aportaron mucho más que meros datos; demostraron la necesidad de un método sistemático para el conocimiento astronómico.

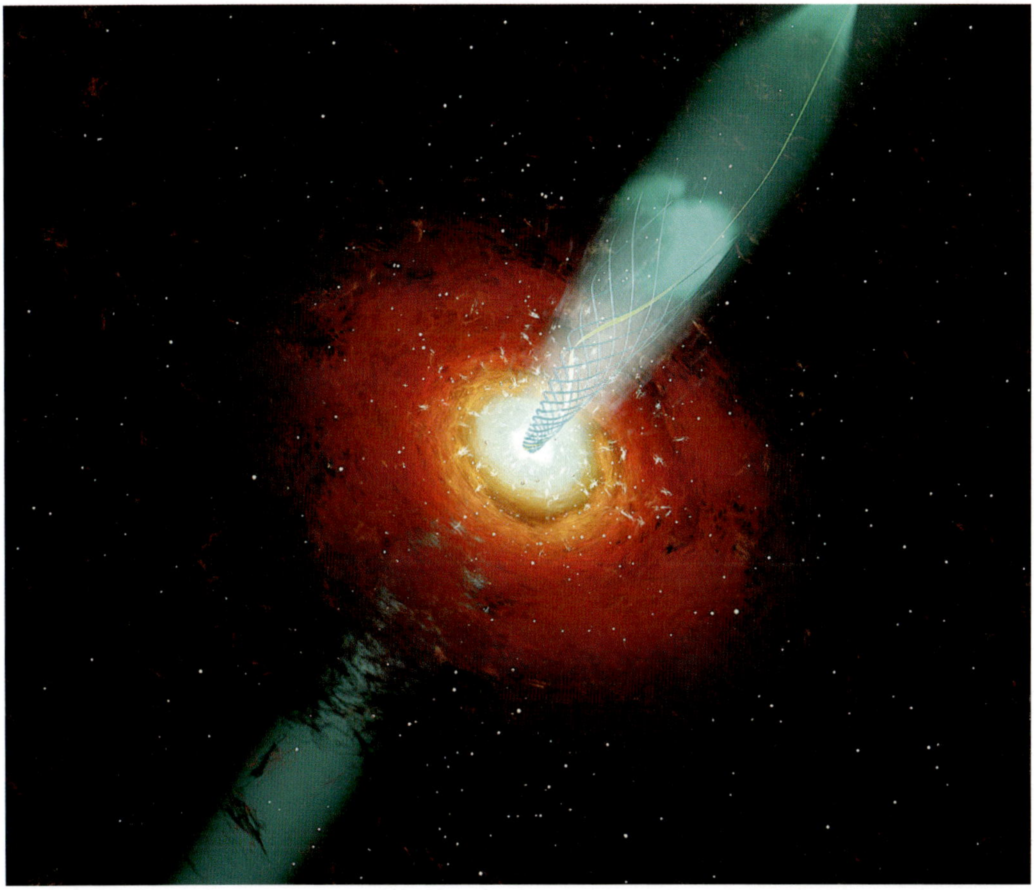

EL QUÁSAR

En la imagen se observa un disco de acreción y un chorro o jet de luz.

• **Clasificación por clases de luminosidad** que se basa en la medición de líneas brillantes u oscuras relacionadas con la cantidad de fotones emitidos.

MÁS ALLÁ DE LAS ESTRELLAS

Además de estrellas existen otros cuerpos estelares luminosos en el Universo. Los quásares, por ejemplo, se caracterizan por presentar al radiotelescopio una energía mucho mayor que la emitida por algunas galaxias enteras. Los quásares se encuentran cerca del límite del Universo visible. Los primeros quásares se detectaron gracias a los radiotelescopios, de ahí su nombre "quasi stellar radio sources" (fuentes de ondas de radio casi estelares). En 1963 su descubrimiento sumó un nuevo interrogante a la astrofísica, ya que para que estas estructuras pudieran ser visibles a miles de millones de años luz tenían que emitir cantidades extraordinarias de energía. Pero ¿de dónde provenía tanta energía? Algunos astrónomos creen que de un

LAS PLÉYADES, OBJETO MESSIER 45
Se trata de un grupo de estrellas muy jóvenes, que se formaron en la era Mesozoica, y están ubicadas a una distancia de 450 años luz de la Tierra. Son observables a simple vista cerca de la constelación de Tauro.

AGUJERO NEGRO EN LA VÍA LÁCTEA
Recreación artística de agujero negro en un cúmulo globular, realizada a partir de las observaciones de un grupo de científicos alemanes, a través de dos telescopios del Observatorio Europeo del Sur, en Chile.

agujero negro gigante, ubicado en el centro del quásar y abastecido de cantidades de gas, polvo y estrellas que se precipitan sobre él.

La mayoría de estos objetos emiten una energía unas diez veces superior a la Vía Láctea, y algunos superan en mucho a las galaxias más brillantes, como el s50014+81, que es 60.000 veces más brillante que toda nuestra galaxia.

La gran incógnita con los quásares es que toda esa energía debe de venir de una región relativamente pequeña, no mucho mayor que nuestro Sistema Solar. Esto se deduce por las rápidas variaciones de brillo que experimentan. Para comprenderlo mejor pensemos que, si su tamaño fuera de por lo menos un año luz de diámetro, no podría variar su brillo de manera uniforme, ya que la luz de uno de sus extremos nos llegaría un año después que la del otro extremo. Si pensamos que la luz que irradian es comparable a galaxias enteras que tienen diámetros mucho mayores que un año luz, nuestro asombro será mucho mayor.

AGUJEROS NEGROS

Junto a estos puntos de luz exuberante, el Universo presenta también regiones en las que todo se oscurece. Se trata de espacios en los que la fuerza de gravedad es tan intensa que nada puede escapar a ellos: hasta la luz queda atrapada en su interior. Es por eso que se los conoce con el nombre de "agujeros negros".

LA APARIENCIA DE LAS ESTRELLAS

Cuando aún no existían aparatos de medición, y era imposible guiarse hacia algún destino, fueron las estrellas las que orientaron a navegantes y descubridores a partir de formas caprichosas pero familiares de animales, elementos y seres míticos. Cada pueblo, cada cultura vio distintas figuras en el cielo y creó sus propias constelaciones. Árabes, griegos, chinos, hindúes, nativos de Australia y de América encontraron dibujos diferentes.

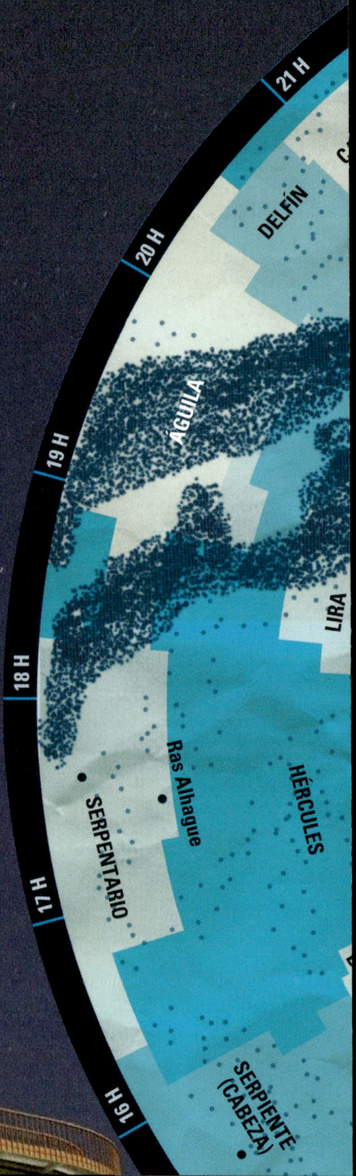

La nebulosa de Orión (Messier 42 o M42) es de las más brillantes que existen y se puede observar cuando cae el Sol, sin necesidad de telescopio.

Pegaso es una constelación vecina de Andrómeda, formada por cinco estrellas principales que tienen pocas nubes y polvo estelar a su alrededor.

0 H
1 H
2 H
3 H
4 H
5 H
6 H
7 H
8 H
9 H
10 H
11 H
12 H
13 H
23 H
CUARIO
PECES
Markab
PEGASO
Sirrah
BALLENA
ARIES
TRIÁNGULO
ANDRÓMEDA
LAGARTO
TAURO
Algol
PERSEO
CISNE
ORIÓN
CASIOPEA
CEFEO
POLAR
Etamin
DRAGÓN
OSA MENOR
COCHERO
UNICORNIO
Cástor
Pólux
GEMELOS
Dubhé
Merak
LINCE
BOYERO
LEBRELES
OSA MAYOR
CAN MENOR
CÁNCER
LEÓN MENOR
M3
HIDRA HEMBRA
Algebia
Régulo
Cabellera de Berenice
LEÓN
Denébola
SEXTANTE
VIRGEN
ECUADOR

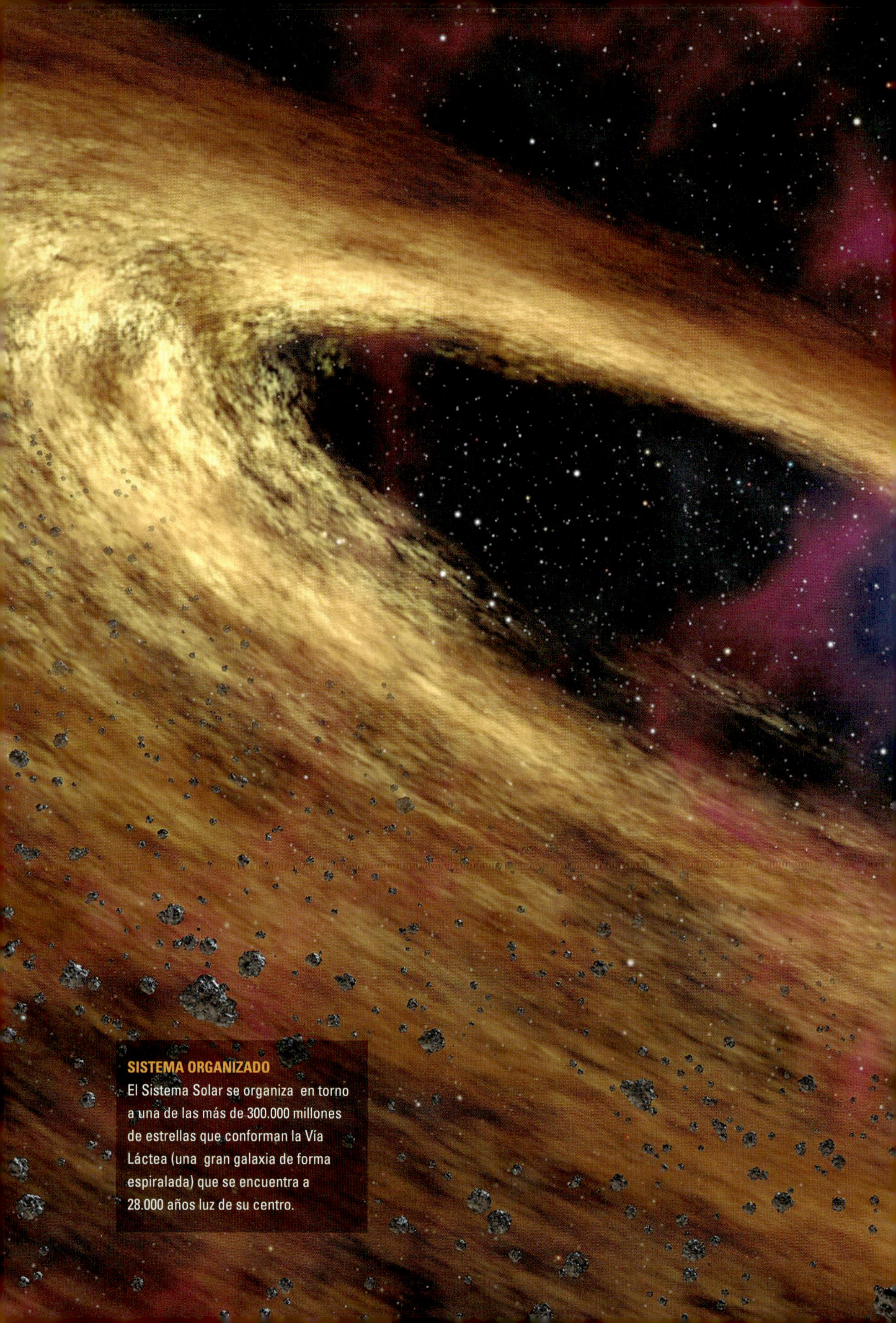

SISTEMA ORGANIZADO
El Sistema Solar se organiza en torno a una de las más de 300.000 millones de estrellas que conforman la Vía Láctea (una gran galaxia de forma espiralada) que se encuentra a 28.000 años luz de su centro.

4 El Sistema Solar

En la actualidad las naves surcan el espacio, pero los hombres ya no las tripulan. En su lugar hay sondas automáticas con inteligencia para buscar, examinar y descubrir mundos nuevos, y para responder, entre otras, a la pregunta de si hay vida más allá de la Tierra. Cada una de estas exploraciones aporta nuevos datos sobre nuestro Sistema Solar y los planetas y lunas que lo componen. Mientras que algunas de estas novedades confirman ciertas teorías, otras obligan a revisar todo lo conocido y plantean nuevas y hasta inquietantes hipótesis de trabajo.

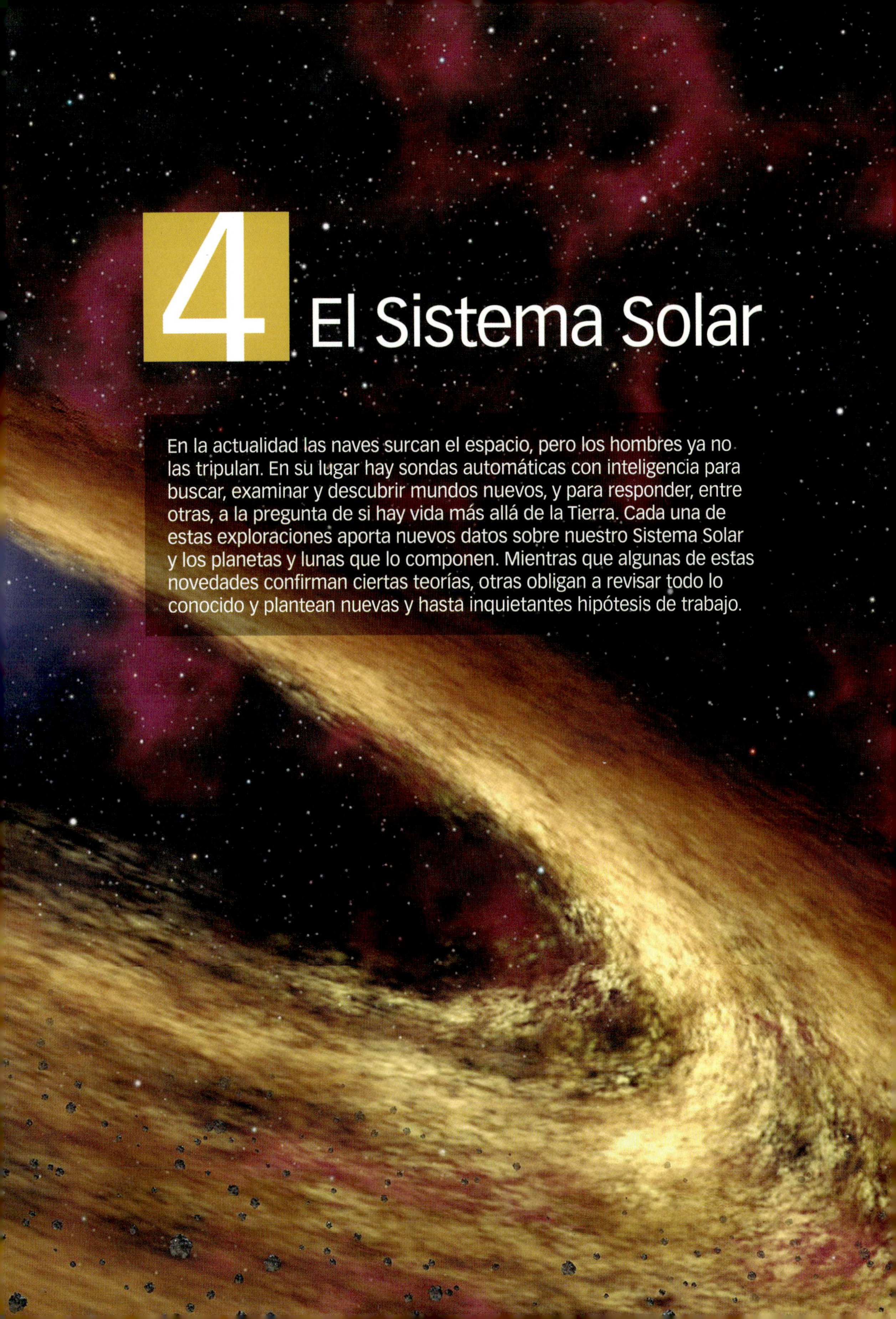

El Sistema Solar

A medida que nos vinculamos con el mundo que nos rodea comenzamos a sentir como propio aquello que vamos conociendo. Nuestro barrio, nuestra comarca, nuestro país... y, por qué no, nuestro Sistema Solar. Y el descubrimiento de estrellas cada vez más lejanas nos acerca paradójicamente a la nuestra, a la única estrella que tiene nuestro sistema: el Sol.

Ubicado en uno de los brazos de la Vía Láctea, en la periferia de la galaxia, a unos 28.000 años luz de distancia de su centro, el Sistema Solar está compuesto por ocho planetas, cuatro terrestres o interiores (entre los que se encuentra la Tierra) y cuatro exteriores. Según la nueva denominación de la Unión Astronómica Internacional, también se incluyen dentro del Sistema Solar los planetas enanos. Satélites, asteroides, objetos del Cinturón de Kuiper y cometas de la nube de Oort terminan de completar el sistema. Estamos comenzando a entender algunas cosas. Estamos recorriendo cada vez más. El sistema antes lejano se ha vuelto nuestra comarca. Así de familiar y cercano. Así de nuestro.

LA SONDA ESPACIAL *VIKING I* fue parte del Programa Viking para la exploración de Marte. Fue lanzada en 1975 y terminó su misión en 1982. La parte inferior de la sonda era el módulo que se posaría sobre Marte.

FORMACIÓN Y EVOLUCIÓN DEL SISTEMA SOLAR

Hace alrededor de 4.650 millones de años a partir del colapso gravitacional de una nube de gas y polvo interestelar comenzó la formación de nuestro Sistema Solar. Seguramente la explosión de una supernova hizo que una nube molecular comenzara a incubar una estrella. Esta nube molecular comenzó a girar más y más rápido y los átomos en su interior comenzaron a colisionar con más violencia, liberando energía en forma de calor. En el centro se acumuló la mayor parte de la masa, volviéndose más caliente que el disco circundante de la protoestrella. Una serie de factores llevó al aplanamiento de la nebulosa, que tomó la forma de un disco protoplanetario. Aproximadamente 100 millones de años después

la temperatura y la presión en el núcleo del Sol se hicieron tan grandes que su hidrógeno comenzó a fusionarse en helio. Con el tiempo las fuerzas se equilibraron y dieron nacimiento a la nueva estrella. Se cree que el polvo en órbita alrededor de la protoestrella central formó los planetas. Dentro del disco de crecimiento comenzaron las colisiones de cuerpos pequeños. En unos millones de años los cuerpos rocosos se convirtieron en planetas terrestres. Más allá quedarían los gaseosos, cuya composición está integrada mayormente por hidrógeno y helio. Júpiter es el más grande porque acumuló gases por un período más largo de tiempo, seguido por Saturno. Urano y Neptuno alcanzaron el tamaño crítico mucho después, y por eso capturaron menos gases. Aunque aún no existe entre los investigadores la plena certeza de que el proceso haya sido exactamente así, ésta es la hipótesis más firme hasta el momento. Últimamente estos procesos se combinan con explicaciones de migraciones planetarias que terminaron conformando el Sistema Solar tal como hoy lo conocemos.

SONDA ESPACIAL *MARS ODYSSEY*

Lanzada por la NASA en 2001, aportó valiosos descubrimientos científicos relacionados con el ambiente y la geología de Marte, y fue un apoyo importante para misiones como la *Spirit* y la *Opportunity*, además de proporcionar valiosa información para la mejora de los vehículos exploradores y para el laboratorio Phoenix Mars Lander.

UNA MISIÓN INFERNAL

Hace años que los científicos especulan con mandar una misión que pueda ampliar los conocimientos que hasta ahora se tienen del Sol. Pero la tecnología no había tenido el desarrollo suficiente como para hacerlo... hasta ahora. *Solar Probe* es una sonda espacial cuyo destino final será el Sol. Ha sido proyectada por los ingenieros de la Universidad Johns Hopkins, y uno de los grandes desafíos fue conseguir la protección térmica adecuada a las condiciones que deberá soportar la sonda. Prácticamente quedará inmersa en la corona solar, cuyo comportamiento aún no se conoce en profundidad. Partirá en 2018, pero no llegará a su destino hasta 2022. Y, cuando la misión haya concluido, "*Solar Probe* probablemente originará más preguntas de las que conteste", según las palabras de uno de los científicos encargados del proyecto.

EL SOL

El Sol, como todas las estrellas, tuvo un nacimiento, tiene un período de vida estable y tendrá un proceso final que terminará con su muerte. Está compuesto casi en su totalidad por hidrógeno (73%) y helio (25%), y posee suficiente combustible como para seguir ardiendo por unos 5.000 millones de años. Por ser una estrella amarilla, clase G2, sabemos que, cuando comience a agotar el hidrógeno, se inflará convirtiéndose en una gigante roja (tanto que fagocitará en el proceso a Mercurio, a Venus, a la Tierra y a Marte), para luego comenzar a contraerse en el apagado final, derivando en una densísima enana blanca.

El Sol tiene una masa 300.000 veces más grande que la Tierra. Su diámetro ecuatorial es de 1.400.000 km, es decir, unas 100 veces la longitud del diámetro terrestre. Posee distintas capas, que son llamadas núcleo, zona convectiva, fotosfera, cromosfera y corona solar.

Ubicado en el Brazo de Orión de la Vía Láctea, el Sol se encuentra a unos 150 millones de kilómetros de la Tierra, por lo que la luz que emite tarda unos 8 minutos en llegar. Es decir que, si el Sol se apagara de repente, tardaríamos 8 minutos en enterarnos.

LA HELIOSFERA

Para estudiar los alcances e influencias del Sol en sus alrededores, y determinar a qué llamamos Sistema Solar, es necesario tener en cuenta las zonas a las que llega la radiación solar.

El Sol en su actividad termonuclear emite constantemente plasma (es decir, gas constituido por partículas cargadas) de muy baja densidad, expandiendo su campo magnético. A este fenómeno se lo llama "viento solar" y es el responsable de perturbaciones geomagnéticas que pueden llegar a afectar, por ejemplo, los sistemas eléctricos de las ciudades.

La zona de influencia del viento solar tiene forma de burbuja y la llamamos heliosfera. Sus límites van mucho más allá de los planetas exteriores y el Cinturón de Kuiper. A la capa que rodea la heliosfera se la denomina heliopausa, zona donde deja de haber influencia fuerte solar y choca con las radiaciones exteriores.

En la década de 1970 fueron enviadas al espacio dos sondas espaciales llamadas Voyager I y II. El objetivo de estas sondas era originalmente recopilar datos de los planetas más alejados del Sistema Solar. Cumplido este objetivo las sondas siguieron viaje alejándose más y más del Sol, mientras enviaban datos a la Tierra de las zonas más desconocidas de la heliosfera, avanzando unas tres unidades astronómicas (ua) por año. En los últimos años las sondas atravesaron la heliopausa y detectaron la existencia de una nube interestelar justo fuera de la heliosfera, producto de la explosión de un cúmulo de supernovas.

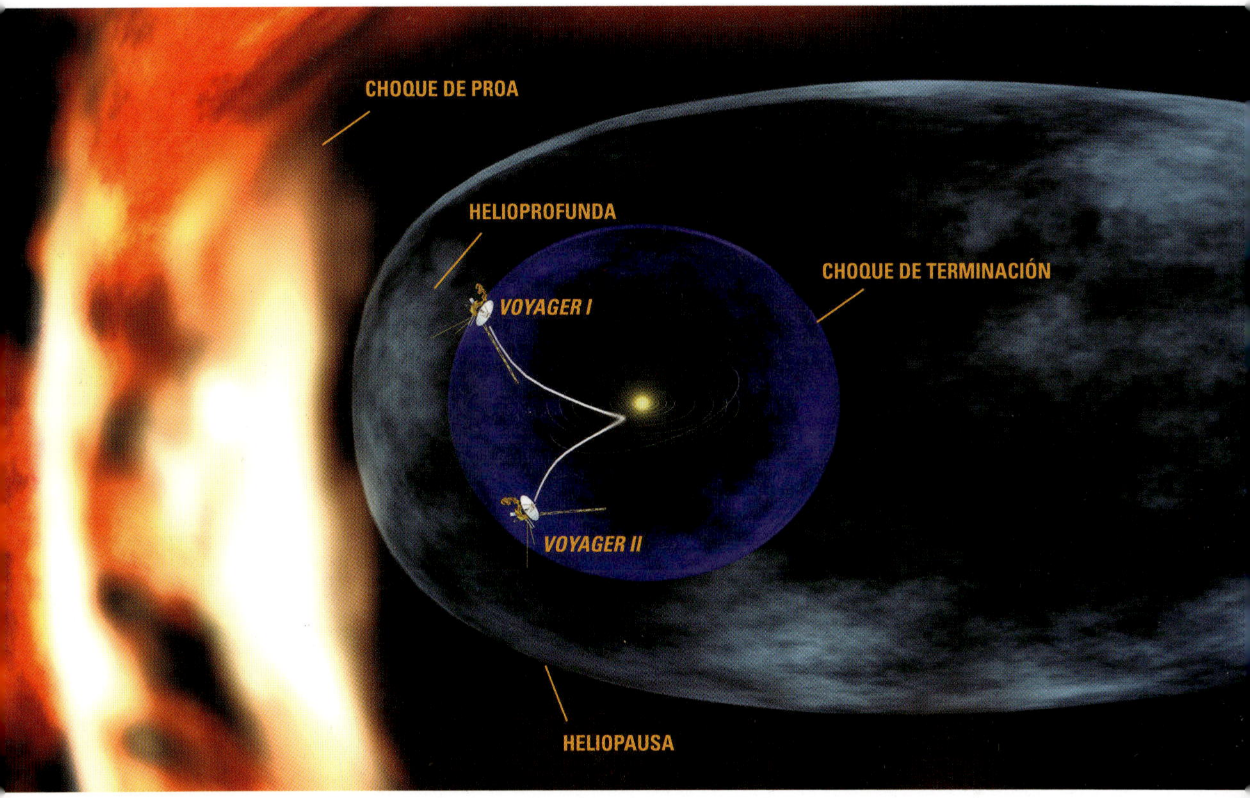

LOS PLANETAS

Los planetas son los objetos celestes grandes más cercanos al Sol. Además de ser grandes y estar cerca del Sol, para ser considerados planetas los objetos tienen que haber limpiado su órbita de obstáculos. Las órbitas alrededor del Sol de los planetas y asteroides son elípticas en sentido antihorario. Y el plano aproximado por el que giran se denomina elíptica, aunque Plutón y algunos objetos del Cinturón de Kuiper lo hacen con una inclinación mayor.

Los planetas del Sistema Solar se clasifican en interiores, o terrestres, y exteriores, o planetas gigantes. Entre los planetas interiores y los exteriores existe una banda de rocas llamada cinturón de asteroides.

LOS PLANETAS INTERIORES

Mercurio es el planeta más cercano al Sol, su tamaño es aproximadamente un tercio del tamaño de la Tierra, y observado desde lejos tiene un aspecto similar al de nuestra Luna. Visto desde la Tierra aparece como un punto brillante cerca del horizonte durante el amanecer y en el atardecer. Es difícil de observar, pues la cercanía al Sol hace que se pierda en su resplandor.

BURBUJA PROTECTORA

Los científicos de la NASA hallaron una franja que marcaría el borde externo de la heliosfera y que, por ahora, es todo un misterio. Este lugar de interacción entre la heliosfera y el resto de la galaxia plantea desafíos que hasta hace poco no estaban en los cálculos de nadie. El alcance del papel protector de la burbuja contra los rayos cósmicos, los campos magnéticos y la interacción con nubes estelares aún se desconoce.

QUÉ ES LA TRASLACIÓN

La traslación de los planetas es el movimiento que estos realizan alrededor del Sol, siguiendo una ruta constante alrededor de éste. Esta trayectoria invariable que realizan los planetas atraídos por la fuerza gravitatoria de la estrella es conocida con el nombre de órbita.

PLANETAS EN LA VÍA LÁCTEA

EL SISTEMA SOLAR

Está formado por una estrella mediana, conocida como el Sol, y ocho planetas: Mercurio, Venus, la Tierra, Marte, Júpiter, Saturno, Urano y Neptuno. Además, pertenecen a este sistema cuerpos menores como el planeta enano Plutón, satélites naturales, asteroides y cometas, entre otros.

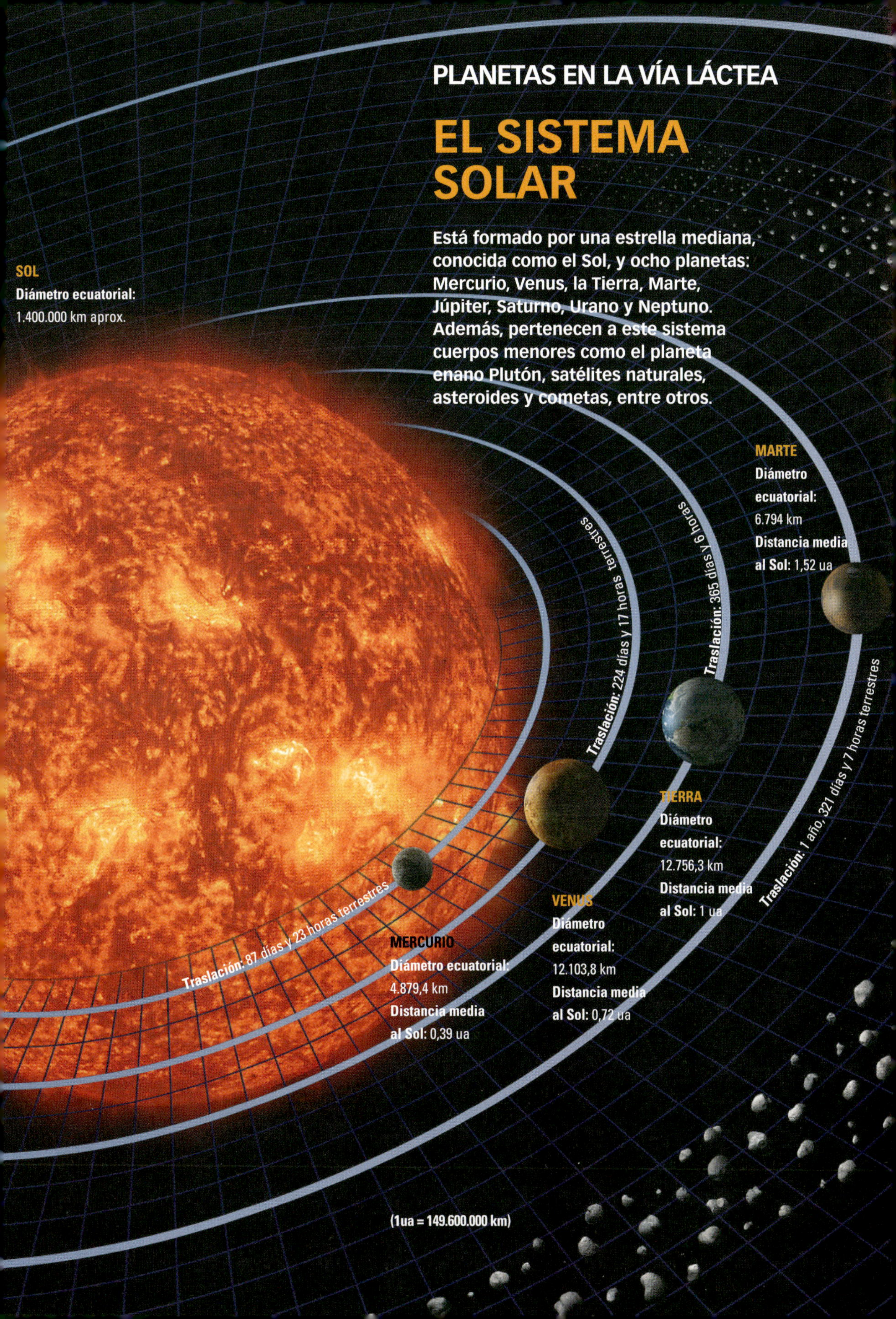

LOS PLANETAS Y SUS NOMBRES

Generalmente el que descubre un objeto astronómico lo bautiza poniéndole el nombre que cree conveniente. Mientras muchos objetos conservan sus nombres primigenios, hay otros que no corren la misma suerte. Uno de los casos es el ocurrido con Herschel, quien bautizó al planeta por él descubierto con el nombre de Georgius Sidus (Planeta Jorge), en honor al rey Jorge III de Inglaterra. Esta elección no contó con la aprobación de muchos, ya que la tradición asignaba nombres mitológicos a los nuevos planetas. Dentro de estos nombres también se seguía un orden, la secuencia era hijo, padre, abuelo, etc., por lo que al planeta Jorge le correspondía el nombre de Urano, que era el padre de Saturno.

LA TIERRA
Vista desde el espacio.

Venus es el segundo planeta más cercano al Sol, su nombre hace referencia a la diosa romana del amor. El tamaño es similar al de la Tierra, y posee una densa y caliente atmósfera que hace que su temperatura en la superficie sea aún mayor que en Mercurio (unos 480 °C). Pero las paradojas de este planeta no terminan aquí, ya que tarda más en dar una vuelta sobre su eje que alrededor del Sol, es decir que en Venus un día dura más que un año.

La Tierra es el tercer planeta a partir del Sol. Desde la perspectiva cósmica es apenas una mota de polvo y, sin embargo, es por el momento única. Un lugar donde se desarrolla la vida, frágil y aislada.

Marte es el último de los planetas interiores antes del cinturón de asteroides. Presenta un paisaje árido con dos casquetes polares, cráteres, valles y volcanes. Este planeta de un diámetro equivalente a la mitad del diámetro de la Tierra desde hace mucho tiempo ejerce especial fascinación tanto en astrónomos como en aficionados. Algunos de ellos creyeron ver en ciertos surcos de su superficie la prueba de vida extraterrestre. Sin embargo, en 1964 la sonda *Mariner IV* demostró que esas pruebas no eran tales.

LOS PLANETAS EXTERIORES

Júpiter se encuentra orbitando después del cinturón de asteroides. Es el planeta más grande del Sistema Solar, con un diámetro once veces mayor que el de la Tierra. De color amarillo rojizo al telescopio, presenta franjas más oscuras paralelas al ecuador y una característica mancha circular roja que es una gigantesca tormenta, más grande que la Tierra, que se produce en la atmósfera del planeta y que tiene casi 400 años de duración. Como todos los planetas exteriores, tiene un delgado anillo que lo rodea, difícil de ver desde la Tierra debido al fuerte brillo del planeta. En los inicios del Sistema Solar, si Júpiter hubiera tenido doce veces la masa que posee, habrían comenzado en su interior reacciones termonucleares, desencadenando su formación como estrella. Aunque esto no ocurrió, Júpiter posee un campo magnético que emite una intensa radiación.

Saturno es el segundo de los planetas gigantes y, como Júpiter, tiene un núcleo rocoso rodeado por una capa de hidrógeno líquido, la que a su vez está cubierta por una última capa de gases. Son característicos de Saturno sus famosos anillos, formados por millones de trozos de roca y hielo que giran alrededor del planeta. Pero ¿por qué no se aglutinan? Porque no lo permiten sus velocidades orbitales diferentes, ya que, como los carruseles, sus partículas interiores van más rápido que las exteriores.

Urano es el séptimo planeta del sistema, y fue el primer planeta descubierto por telescopio, ya que no se ve a simple vista en el cielo. El color verde que se observa se debe a la presencia de metano en su atmósfera. Tiene un tamaño

EXPLORACIÓN DE NEPTUNO Y DE TRITÓN

La mayor misión de investigación interplanetaria se prepara para alrededor de 2015. Uno de los objetivos de *Neptune Visions Mission* es la confirmación de que Tritón no es pariente de Neptuno, sino que se habría formado lejos del Sistema Solar.

PLANETAS ENANOS

Plutón inauguró la nueva categoría creada, en agosto de 2006, por la Unión Astronómica Internacional. Una de las condiciones que diferencian estos objetos de los planetas es que "no han limpiado la vecindad de su órbita". Esta distinción estaría relacionada con el origen de su formación. Actualmente comparten esta categoría cinco objetos astronómicos, pero habría muchos más que podrían incorporarse a la lista.

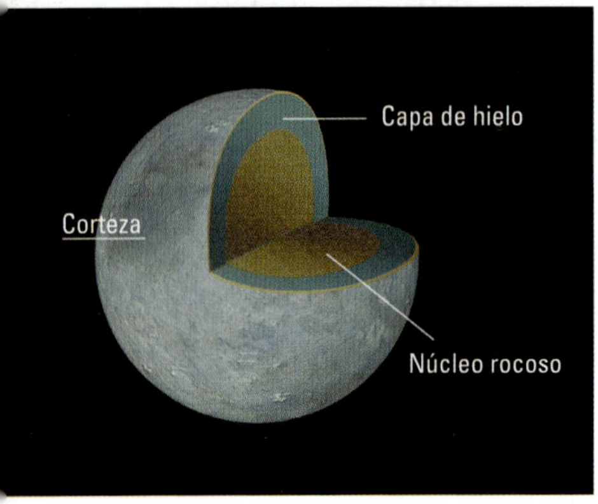

ESTRUCTURA GEOLÓGICA DE CERES
Fue descubierto en enero de 1801 y bautizado en honor de la diosa romana Ceres. Hasta el presente, está catalogado como el más pequeño de los planetas enanos de nuestro Sistema Solar, así como uno de los pocos que contienen agua helada.

cuatro veces mayor a la Tierra. Su eje de rotación está fuertemente inclinado, casi coincidiendo con el plano de su órbita, y presenta también finísimos anillos que lo rodean.

Neptuno es el planeta más alejado del Sol. Las imágenes enviadas por la sonda *Voyager II* nos mostraron un planeta de color verde azulado bellísimo. Por su formación atmosférica se dan allí fenómenos ópticos similares a los de la aurora boreal terrestre.

EL NUEVO ESTATUS DE PLUTÓN

El conocimiento sobre el Sistema Solar se ha enriquecido en la última década a partir de nuevos descubrimientos y tecnologías de observación más avanzadas, lo que ha provocado una modificación de la categoría que comprende a los planetas y sus satélites naturales, así como de muchos de los componentes del sistema. A raíz del constante descubrimiento de cuerpos significativamente grandes se planteó el dilema de redefinir la clasificación de "planeta". Por eso, a partir de 2006 Plutón, que desde su descubrimiento se había constituido en el noveno planeta del Sistema Solar, pasó a la nueva clasificación de "planeta enano" junto con otros cuerpos, como Ceres, ubicado en el cinturón de asteroides, o Sedna.

PLANETAS EXTRASOLARES

Hace relativamente poco tiempo que comenzó la observación de planetas extrasolares (que son los que orbitan una estrella que no es el Sol), por lo que aún no se ha podido corroborar si el Sistema Solar es un caso atípico, aunque los planetas estudiados hasta ahora parecen confirmarlo. El primer planeta extrasolar detectado fue el 51 Pegasi, descubierto en 1995 por Michel Mayor y Didier Queloz. A partir de ese momento los descubrimientos se suceden sin descanso y es difícil saber cuál es su verdadero número. Lo único que es posible afirmar con certeza es que, hasta julio de 2010, se hablaba de la existencia de aproximadamente 473 exoplanetas confirmados.

LAS LUNAS

Así como los planetas orbitan alrededor del Sol, también en las cercanías de ellos se forman pequeños sistemas. Allí cuerpos menores llamados satélites giran alrededor de estos planetas.

El satélite natural de la Tierra es la Luna, y por extensión llamamos "lunas" a los satélites de cada uno de los planetas. El origen de cada satélite es diferente. Por el tamaño relativo de la Luna con respecto a la Tierra algunos científicos no la consideran un satélite, sino que afirman que se trata de un planeta doble, es decir, que ambas constituirían un sistema binario. En cambio, las dos lunas de Marte, Fobos y Deimos, probablemente hayan salido del cinturón de asteroides, siendo capturadas por la gravedad del planeta rojo.

URANO Y SUS LUNAS

El montaje muestra a Urano, azul en el centro, y sus cinco lunas mayores tomadas por la *Voyager II*. De mayor a menor, serían: Titania, Oberón, Umbriel, Ariel y Miranda.

Tanto Júpiter como Saturno poseen más de 60 lunas cada uno, de diversos tamaños y composiciones. Alguno de estos cuerpos tienen un tamaño significativo, y en muchos de ellos se ha sospechado la posibilidad de encontrar vida. Neptuno y Urano tienen 27 y 13 lunas, respectivamente.

En los comienzos de la era espacial, y aun antes, se especulaba con la posibilidad de que hubiera vida extraterrestre en una de las lunas de Júpiter, llamada Ganímedes (que fue descubierta por Galileo). Lo único que actualmente se conoce con certeza es que esta luna contiene trazas de oxígeno, que su corteza está dividida en placas tectónicas, como la Tierra, además de haber fuertes evidencias de agua en su superficie. Agua y oxígeno amplían las probabilidades de existencia de vida, aunque los científicos ubican posibilidades ciertas en su compañera, Europa. Una u otra luna de Júpiter pueden albergar vida diferente de la que conocemos en la Tierra. Lo más probable es que sus habitantes no sean corpulentos jóvenes o diminutos hombrecillos, sino simples arquibacterias aún no categorizadas.

LOS VIAJES A VENUS

ESPIANDO A NUESTRO VECINO

La exploración del planeta Venus presenta grandes desafíos para la tecnología astronáutica. Al acercarse a Venus, las naves deben adentrarse en el pozo gravitatorio del Sol, lo que aumenta considerablemente su velocidad. Por otra parte, la atmósfera de Venus es masiva y, por lo tanto, sus capas exteriores son variables, con lo que es muy difícil realizar los cálculos que permiten efectuar las maniobras de frenado atmosférico necesarias.

VENUS

Diámetro: 12.100 km

Distancia al Sol: 108 millones de km

Período de rotación: 243 días terrestres

Período de traslación: 224 días y 17 horas terrestres

Distancia mínima entre la Tierra y Venus: 42 millones de km

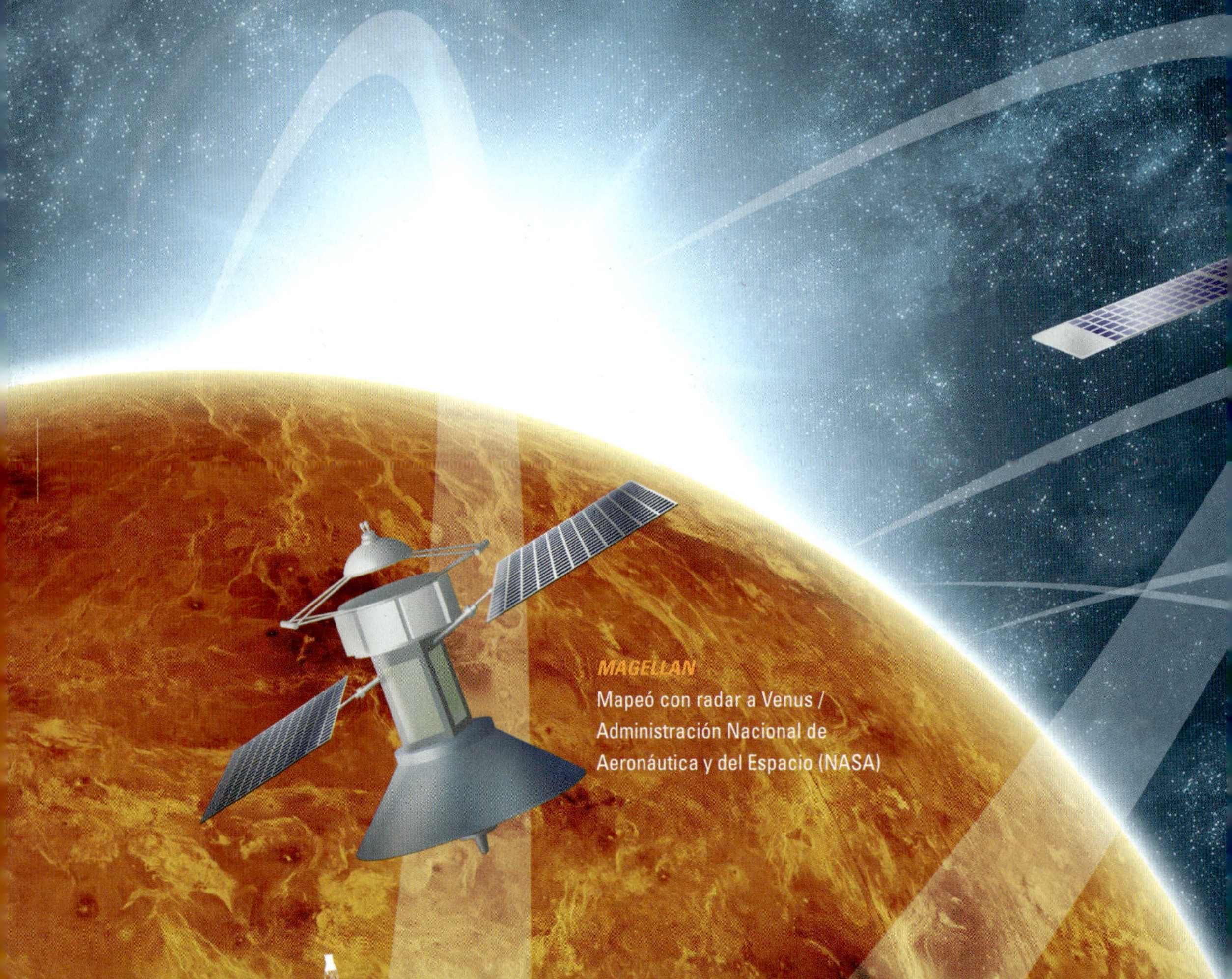

MAGELLAN
Mapeó con radar a Venus / Administración Nacional de Aeronáutica y del Espacio (NASA)

(1962) ***MARINER 2*** (1978-1992) ***PIONEER VENUS*** (1989-1994)

VEGA 1 (1985)
Misión a Venus y cometa Halley / Agencia Espacial Federal Rusa

VEGA 2 (1985)
Misión a Venus y cometa Halley / Agencia Espacial Federal Rusa

VENERA (1961-1983)
Misión a Venus / Agencia Espacial Federal Rusa

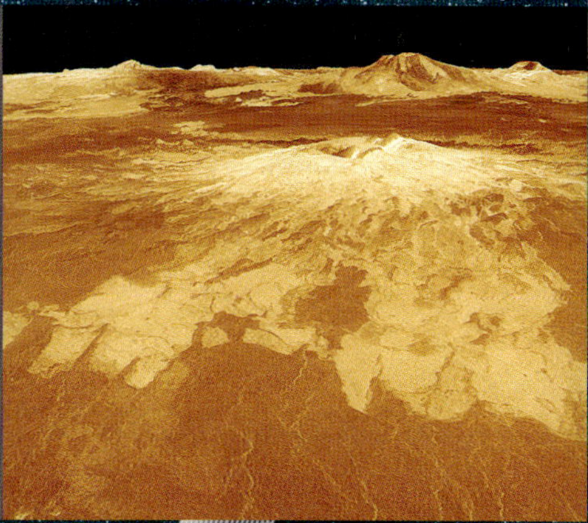

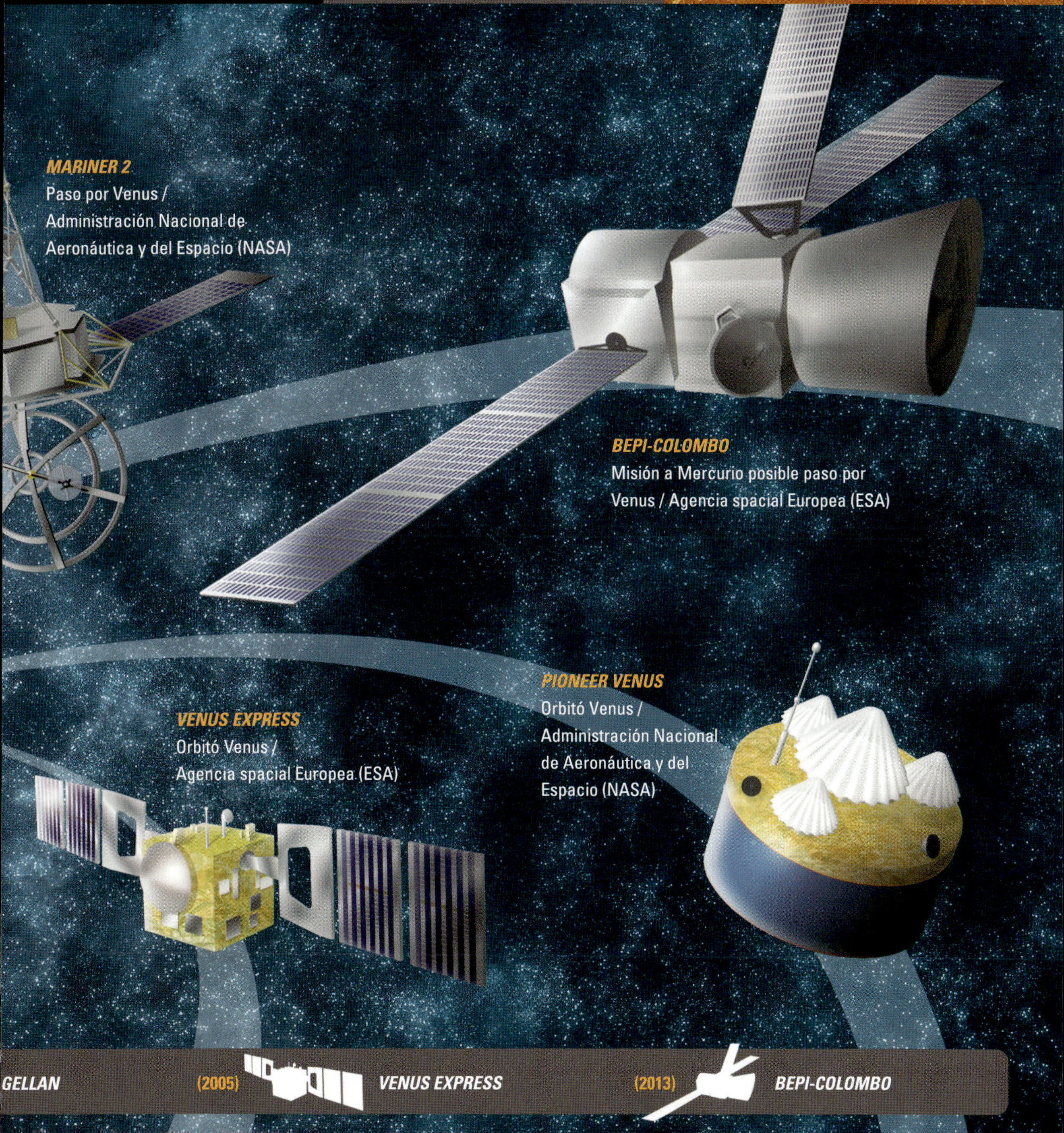

LUNAS DE GALILEO EN TORNO A JÚPITER

1. Ganímedes. Tiene 5.262 km de diámetro y es el satélite más grande del Sistema Solar, incluso es más grande que Mercurio. Si orbitara el Sol sería considerado un planeta.
2. Ío. Tiene 3.630 km de diámetro y es el satélite que más actividad geológica presenta, ya que posee muchos volcanes activos.
3. Europa. Tiene 3.138 km de diámetro. Su corteza es helada, pero se supone que bajo su superficie existen grandes océanos. Las líneas que se ven en la imagen serían causadas por fracturas que se han vuelto a llenar de agua. Los investigadores creen que de haber vida podría estar relacionada con organismos dependientes del azufre o metano.
4. Calisto. Tiene un diámetro similar a Mercurio, 4.800 km. Es el satélite que tiene más cráteres de todo el Sistema Solar. Su densidad sugiere que está constituido por partes iguales de roca y hielo

LAS LUNAS DE JÚPITER

El descubrimiento de las lunas de Júpiter supuso un hito en la historia de la astronomía, ya que fue uno de los primeros hallazgos celestes que se hicieron con la ayuda de un telescopio. El responsable de tamaña empresa no fue otro que Galileo Galilei. La vida de Galileo, más allá de su genio científico, demostró de manera dramática los conflictos que se dieron durante el período renacentista entre la Iglesia y el desarrollo de la ciencia occidental. Galileo fue, entre otras cosas, el primer científico que dio un uso en astronomía al telescopio, respaldó fuertemente la teoría copernicana e hizo importantes aportes a la observación celeste. Gracias al empleo del telescopio pudo reconocer cuatro cuerpos que orbitaban alrededor de Júpiter. No podían ser estrellas, pues aparecían y se escondían detrás del planeta gigante. Son las llamadas "lunas de Galileo". En su obra *Sidereus Nuncius (Mensajero de los astros)*, publicada en 1610, narra lo siguiente: "En el séptimo día de enero del presente año [...], el planeta Júpiter se presentó a mi vista, y como me había preparado un excelente instrumento, me di cuenta de una circunstancia que antes no me había sido posible percibir debido a la falta de poder de mi otro telescopio, vale decir, que tres estrellitas, pequeñas pero muy brillantes, estaban cerca del planeta [...]. Pero volviendo a la misma investigación, el ocho de enero [...] las encontré en una disposición muy distinta [...], estando seguro de que ésas eran las mismas estrellas que había observado [...], mi perplejidad fue ahora transformada en entusiasmo. [...] Nuestros ojos nos mostraron cuatro estrellas que se paseaban alrededor de Júpiter tal y como la Luna lo hace alrededor de la Tierra, mientras que todas juntas trazan una gran revolución alrededor del Sol en el espacio de 12 años".

1

2

3

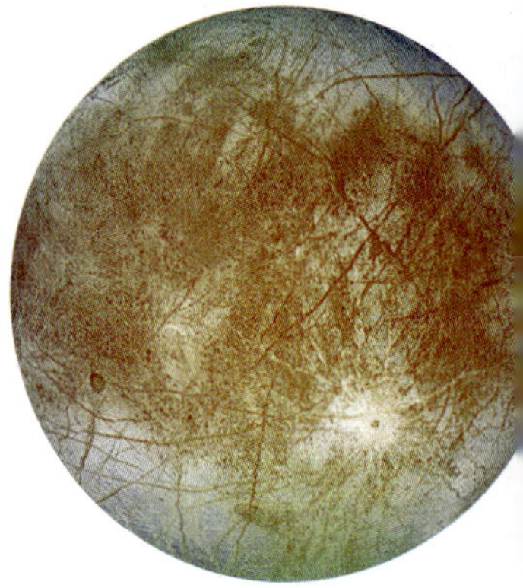

SISTEMA DE SATURNO

Satélites interiores menores. Son pequeños y orbitan entre Mimas y Encélalo.
Satélites irregulares. Son los más numerosos y orbitan a grandes distancias del planeta.
Satélites coorbitales. Comparten la misma órbita sin llegar a chocar.
Satélites troyanos. Orbitan a la misma distancia del planeta, pero delante o detrás de sus satélites más importantes.
Satélites pastores. Están cerca del sistema de anillos y contribuyen a modelarlos.

Satélites de anillos. Son pequeños satélites que orbitan dentro de los anillos.

Satélites medianos helados. Sus superficies tienen cráteres y hielo.

LAS LUNAS DE SATURNO

Saturno es uno de los dos planetas con mayor cantidad de satélites, hasta ahora 62 en total, y esperan confirmación tres más. Sus satélites presentan diversas dinámicas orbitales. El más grande es Titán, segundo en tamaño del Sistema Solar. Su atmósfera se compone principalmente de hidrógeno y metano. El metano cumple el papel del agua en la Tierra, formando nubes del compuesto. Habría aparentemente mares y lagos en la superficie y cierta evidencia de criovulcanismo, que son volcanes que funcionan a bajas temperaturas. Gracias a la sonda *Cassini-Huygens,* que ha trabajado junto con telescopios espaciales y terrestres en la recopilación de datos, es posible conocer casi al detalle el funcionamiento y la composición de los componentes de su sistema.

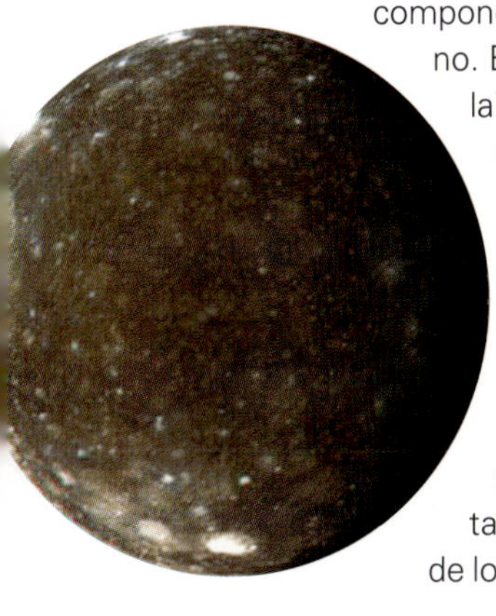

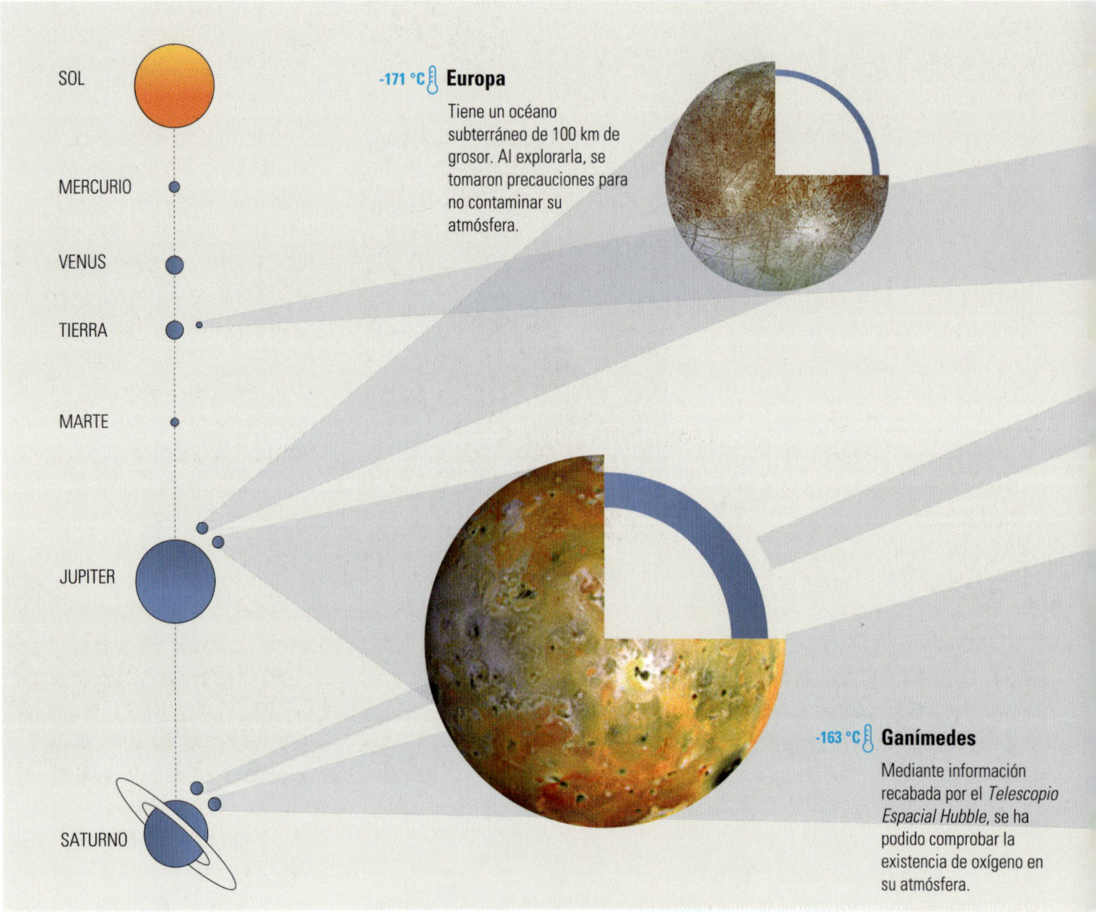

HABITABILIDAD DE LAS LUNAS
Aunque las características atmosféricas de las lunas de la Tierra, Saturno y Júpiter son muy distintas a las de la atmósfera terrestre, se encuentran sin embargo algunas similitudes que hacen pensar en la posibilidad de que alberguen vida en su interior o en su superficie.

CONDICIONES PARA LA VIDA

Las últimas misiones llevadas a cabo por agencias espaciales, tanto estadounidenses como europeas, señalan a las lunas como posibles candidatas para desarrollar formas de vida.

Europa y Encélado, las lunas de Júpiter y de Saturno, respectivamente, presentan evidencia de la existencia de océanos de agua líquida bajo sus superficies heladas. Esta circunstancia, sumada a la comprobación de organismos extremófilos en las profundidades marinas de la Tierra, sugieren que algunas de las lunas heladas podrían albergar vida.

En Encélado la sonda *Cassini* descubrió géiseres con chorros de cristales de hielo, lo que sugiere la existencia de agua en el subsuelo. Otras condiciones que presenta, como su temperatura, la harían, sin embargo, inhabitable.

La sonda Galileo en 2000 midió un campo magnético anómalo en torno a Europa atribuido a la presencia de un océano bajo la superfi-

cie. Europa tiene el tamaño perfecto para calentar sus océanos de manera eficiente. Presenta, por lo tanto, ambientes potencialmente habitables, ya que el agua líquida del océano subterráneo está en contacto con la roca, que aportaría nutrientes a los microorganismos.

Titán se parece a la Tierra primitiva, con montañas y canales moldeados por el metano líquido. Si bien esta atmósfera la hace inhabitable, son condiciones similares a las de la Tierra antes de que apareciera la vida. Además, algunos organismos en la Tierra utilizan como alimento este compuesto.

ASTEROIDES Y EL CINTURÓN DE KUIPER

Existen en el Sistema Solar dos grandes bandas formadas por cuerpos pequeños rocosos llamados asteroides. Su origen se remonta a la formación del Sistema Solar. La influencia gravitatoria de Júpiter no habría permitido que este material se consolidara

GIOVANNI DOMENICO CASSINI (1625-1712)

Nació en Italia. Fue astrónomo e ingeniero y dedicó su vida a la observación del cielo. Su formación con los jesuitas seguramente influyó en él para realizar de manera paciente y sistemática observaciones precisas de los cuerpos celestes. No fue un teórico, pero contribuyó a la confirmación de muchos presupuestos, como las órbitas elípticas predichas por Kepler y la comprobación de la finitud de la velocidad de la luz realizada por el danés Ole Rømer. Fue profesor de la Universidad de Bolonia cuando tenía 25 años, y antes de cumplir 50 adoptó la ciudadanía francesa. Ya en Francia ocupó el cargo de director del Observatorio de París y fue miembro de la Academia de Ciencias. Dio nombre a la nave que siglos más tarde exploraría Saturno.

COMETA EN PROCESO de pulverización alrededor de una estrella.

como un planeta, por lo que adoptó la forma actual. Sus tamaños varían desde pequeños guijarros hasta los que podrían llegar a considerarse planetas enanos, alrededor de 1.000 km de diámetro. Si bien sus trayectorias están restringidas al cinturón del que forman parte, un grupo pequeño llega a atravesar la trayectoria de la Tierra. En este caso se denominan meteoroides. Cuando un meteoroide choca contra la superficie del planeta toma el nombre de meteorito.

Más allá de la órbita de Neptuno, y con una inclinación un poco pronunciada con respecto a la eclíptica, se encuentra un segundo cinturón de asteroides llamado "Cinturón de Kuiper" en honor al astrónomo holandés Gerard Kuiper, quien predijo la existencia del cinturón antes de ser observado. En esta formación se encuentran muchos de los objetos del Sistema Solar llamados planetas enanos, así como infinidad de cuerpos menores.

El Cinturón de Kuiper no es la única formación transneptuniana. Además de un disco de cuerpos dispersos, también existe una formación que envuelve al Sistema Solar con cuerpos congelados llamada "nube de Oort". De esta formación salen los cometas que viajan por todo nuestro sistema.

LA NUBE DE OORT

La nube de Oort toma su nombre del astrónomo Jan Oort, que ya en 1950 sugirió que los cometas de período largo (como el Hale-Bopp, que tarda miles de años en completar una órbita) podían provenir de una región específica del Sistema Solar. Aunque nunca fue observada de manera directa, se supone que debe de ser una nube esférica formada por cometas y asteroides localizada en los confines del Sistema Solar, casi a un año luz del Sol. La cantidad de cometas que podrían conformar la nube se estima entre uno y cien billones, y su masa podría ser unas cinco veces la del planeta Tierra. Los componentes de los elementos de la nube serían helio, metano y amoníaco.

Los cometas de la nube de Oort no están muy vinculados a la fuerza gravitacional del Sol. Aunque se supone que se deben de haber formado cerca de nuestra estrella central cuando el sistema todavía se estaba gestando, los efectos gravitatorios de los planetas gigantes hicieron que se trasladaran con posterioridad hasta su ubicación actual.

LOS COMETAS

Los cometas podrían ser considerados "cápsulas de tiempo" que nos hablan de la formación y la composición del Sistema Solar cuando apenas se habría constituido. Los que provienen de la nube de Oort presentan órbitas elípticas con períodos muy largos; en cambio, los del Cinturón de Kuiper poseen períodos cortos. Están compuestos por rocas y gases congelados, que a medida que se acercan al Sol se subliman conformando la cabellera del cometa. Con las sucesivas pasadas, los cometas se van apagando hasta llegar a ser asteroides. Desde la Antigüedad su aparición siempre estuvo acompañada de la creencia en malos presagios. Los astrólogos le atribuían el augurio de muerte inminente de algún rey o emperador. Pero lo cierto es que, si bien este tipo de creencias ha sido superado por la mayoría de las personas, existe todavía el temor de un posible impacto de efectos apocalípticos sobre la superficie de la Tierra.

El cometa más documentado fue el descubierto por Edmund Halley en 1705; fue observado por primera vez en 239 a. C., pero Halley predijo su próxima aparición, fecha en la que completaría un ciclo de 76 años. Aunque no vivió para corroborarlo.

Existen otros cometas de período largo cuyas órbitas son de miles de años, como el Hale-Bopp. Por su luminosidad fue bautizado el Cometa del Siglo. Fue descubierto en 1995, pero su momento de mayor brillo, perihelio, fue en 1997. A pesar de haber pasado lejos de la Tierra, fue el más luminoso observado en años. Se cree que, si hubiese estado más cerca, como llegaron a estarlo otros, su cola habría iluminado todo el cielo.

IMPACTO PROFUNDO

Hasta 2005 se pensaba que los cometas consistían en polvo y hielo. Pero la misión de la NASA *Deep Impact (Impacto Profundo)* desechó este presupuesto, por lo menos en los cometas de período corto como lo es el Tempel 1. Este cometa descubierto por Ernst Tempel en 1867 recorre nuestro sistema y completa una órbita alrededor del Sol cada 5,5 años. La misión destinada a conocer entre otras cosas su composición estuvo dividida en diversas fases que se desarrollaron entre 1999 y 2005. El impacto fue a 429 millones de kilómetros de la Tierra y fue seguido minuto a minuto por Internet por medio de la página web de la NASA.

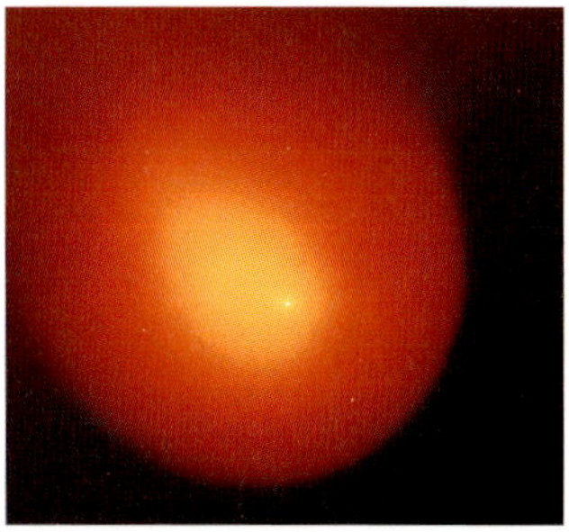

METEORO
En la actualidad los astrónomos consideran a los meteoros como bolas de polvo y hielo.

ECLIPSE SOLAR

Un eclipse solar parcial visto desde la costa de California.

ECLIPSES DE SOL Y DE LUNA

En astronomía, un eclipse es un oscurecimiento parcial o total de un cuerpo celeste por otro. En la percepción de los hombres, desde tiempos muy remotos el eclipse es uno de los fenómenos celestes más espectaculares y observados, motivo tanto de estudio como de supersticiones y temores.

El hombre siempre miró con fascinación el cielo y encontró en los astros la motivación necesaria para encender su imaginación y la necesidad de incrementar sus conocimientos acerca del Universo en el que vive. Las fases de la Luna, la posición de las estrellas y el brillo incandescente del Sol han sido desde siempre objeto de estudio para las mentes curiosas y material para la creación de mitos por parte de las almas más supersticiosas. Teniendo en cuenta esto y el hecho de que un eclipse es un evento que ocurre aisladamente, y que en algunos casos resulta tan sorprendente como espectacular (en el caso de los eclipses solares totales la Tierra puede pasar del día a la noche en minutos), es evidente que también este evento fuera motivo tanto de estudio como de temor agorero para los hombres desde tiempos remotos.

Eclipse solar

Lo indispensable para que tenga lugar un eclipse de Sol es que este astro, junto con la Luna y la Tierra (en ese orden), se ubiquen en una misma línea del espacio. En estas condiciones, la sombra de la Luna se proyecta sobre una región limitada de la superficie terrestre, y quienes se encuentren en esa zona verán cómo el Sol se "oculta" detrás de la Luna y por algunos minutos quedarán sumergidos dentro del cono de sombra.

Hay diferentes tipos de eclipses solares. Pueden ser totales, que es cuando la Luna oscurece completamente el disco del Sol; parciales, que es cuando se oculta una porción del disco (y el Sol parece una galleta a la que se la ha quitado un bocado); y anulares, que ocurre cuando la Luna se encuentra a la máxima distancia de la Tierra y en consecuencia se ve más pequeña, entonces el disco de la Luna queda contenido dentro del disco solar y apenas es posible ver un anillo brillante.

Eclipse lunar

Por su parte, y aunque menos espectaculares, existen también los eclipses de Luna: cuando el Sol, la Tierra y la Luna (ahora en ese orden) se colocan sobre una misma línea del espacio. Entonces la sombra de la Tierra cubre la superficie

ECLIPSE LUNAR EN JAMAICA, 1504

Los aterrorizados nativos de Jamaica se encogen de miedo mientras Cristóbal Colón señala el eclipse de Luna que había predicho gracias a las tablas astronómicas de Regiomontanus.

de la Luna (necesariamente en su fase de Luna llena) y lo que se ve es el oscurecimiento del disco lunar. A diferencia de los eclipses de Sol, los de Luna son visibles para todos los habitantes de la Tierra.

Es lógico que eventos tan llamativos y asombrosos no quedaran fuera de las interpretaciones de la mitología de casi todas las culturas antiguas, que refirieron estos eventos, por ejemplo, como el combate entre los astros y las fuerzas malignas.

En la mayoría de los casos, los pueblos primitivos interpretaban un eclipse como un terrible presagio. Durante los eclipses de Sol intentaban ponerse a resguardo de estos augurios escondiéndose de la tan temida sombra, mientras que, durante los oscurecimientos de la Luna, lo hacían gritando y golpeando metales.

Pero los temores y supersticiones no han quedado completamente en el pasado, ya que los eclipses continúan proyectando cierto aire de fantasía y temor en la actualidad, existiendo aún algunas culturas en las que se los interpreta como augurio de catástrofes y epidemias.

A veces ocurre que un misterio sirve para explicar otro misterio, por lo que durante cierto tiempo se sostuvieron teorías que aseguraban que el círculo megalítico de Stonehenge, situado cerca de Amesbury, en el condado de Wiltshire, Inglaterra, era utilizado en el Paleolítico para predecir eclipses.

Pero lo cierto es que hay registros históricos que muestran que ya los astrónomos babilonios construyeron su calendario (que es el antecedente del actual) teniendo en cuenta la periodicidad de los eclipses a partir de multitud de datos registrados hace más de 2.500 años.

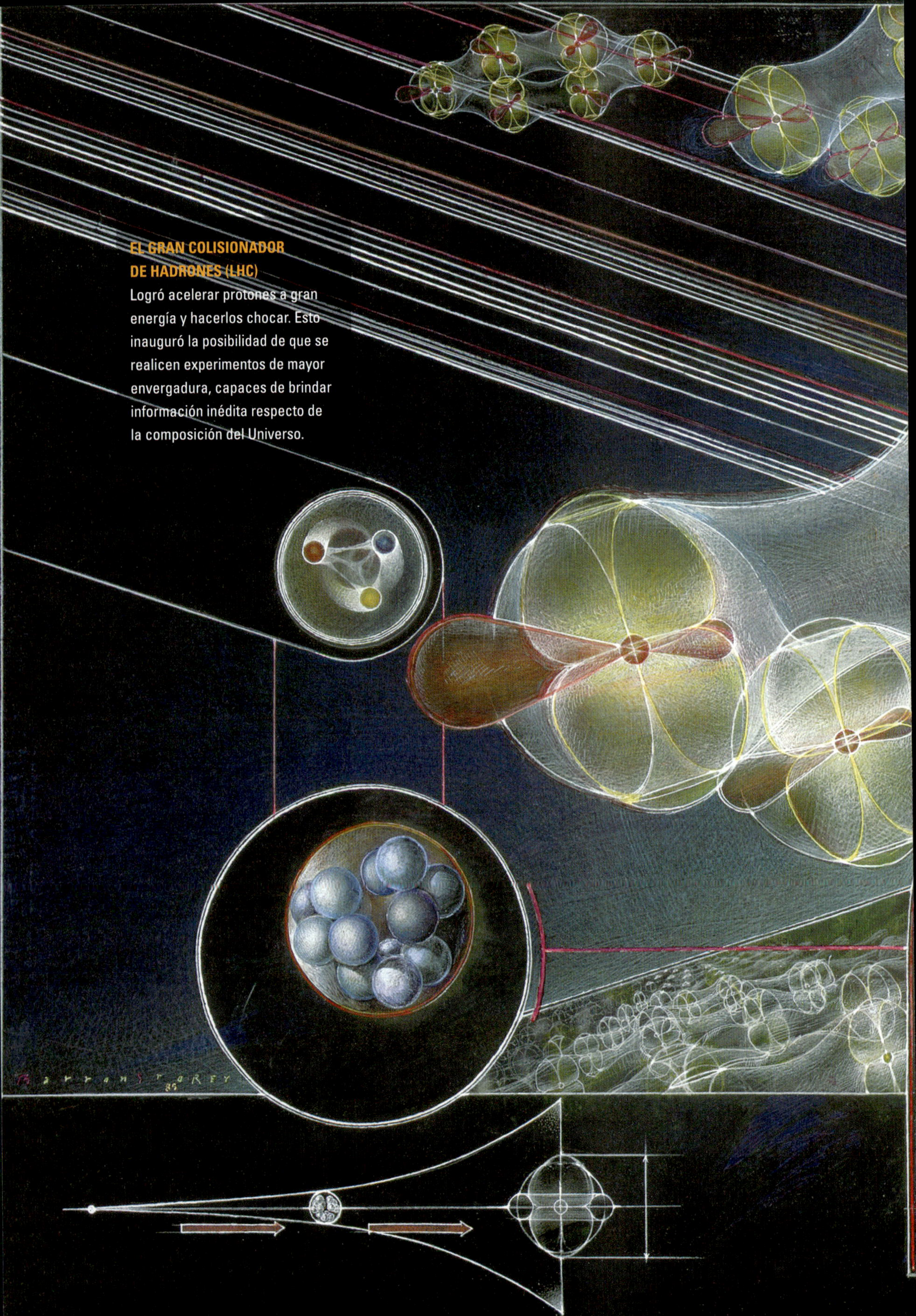

EL GRAN COLISIONADOR DE HADRONES (LHC)

Logró acelerar protones a gran energía y hacerlos chocar. Esto inauguró la posibilidad de que se realicen experimentos de mayor envergadura, capaces de brindar información inédita respecto de la composición del Universo.

5 Teorías sobre el Universo

En su afán por conocer más acerca del Universo, desde la Antigüedad el ser humano ha elaborado las más diversas teorías, algunas basadas en el pensamiento mágico y, las más importantes, en la observación constante y bien documentada del cielo y de ciertos fenómenos frecuentes. Y hemos llegado lejos. Logramos hacer colisionar partículas elementales para remontarnos casi al momento del Big Bang, y navegar por el ancho cosmos con potentes naves. Sin embargo, algo sobre su origen aún se nos escapa, y sabemos que para esclarecer ese punto debemos conocer más acerca de la evolución del Universo.

Teorías sobre el Universo

CALENDARIO SOLAR DE MÁRMOL
Los calendarios de la Antigüedad se basaban en los ciclos lunares o en ciertas fiestas religiosas. En la actualidad, su referencia es el ciclo que la Tierra describe alrededor del Sol.

Desde los primeros seres humanos que contemplaron el cielo hasta los actuales investigadores que analizan las señales recibidas desde galaxias remotas, imperceptibles a simple vista, el afán por observar, conocer y comprender el Universo ha sido constante. A lo largo de esos milenios han ido cambiando las ideas sobre cómo está formado, cuál fue su origen y si ha de tener un fin, a medida que nuevas observaciones ponían en tela de juicio nociones que hasta entonces eran tenidas por válidas y obligaban a probar nuevas hipótesis que, a su vez, generaban –y generan aún– nuevas preguntas. Lejos de haber alcanzado respuestas definitivas, en la actualidad los científicos siguen indagando y formulando teorías que intentan dar cuenta de problemas cada vez más complejos en nuestra comprensión del cosmos. Esta continua reformulación, propia de todas las ciencias, en el campo de la cosmología linda a veces con ideas fantásticas, como la posibilidad de que existan más universos que el que conocemos.

LA COSMOLOGÍA

La cosmología desde el principio trató de responder a los interrogantes que suponían un orden universal, y su esclarecimiento provino tanto del campo científico como del religioso y el filosófico. Atendiendo a una imperiosa necesidad de respuestas, muchas veces se establecieron cosmologías atravesadas por uno y otro campo. En las civilizaciones de la Antigüedad, la observación astronómica y las predicciones astrológicas estaban estrechamente vinculadas, ya que los astros o cuerpos celestes eran concebidos como divinidades o como manifestaciones de ellas. Si bien estas observaciones se hacían a simple vista y con la ayuda de puntos de referencia no siempre precisos, muchos pueblos antiguos alcanzaron la suficiente capacidad de análisis de los datos que recogían como para

predecir el día en que se vería un eclipse solar o para calcular, con mucha aproximación, la duración del año terrestre. Elaboraron así los primeros calendarios, cuya importancia era fundamental para determinar los tiempos de siembra y de cosecha en sociedades cuya economía se basaba en la agricultura.

EVOLUCIÓN DE LAS TEORÍAS SOBRE EL UNIVERSO

Desde los comienzos todas las culturas han tratado de explicar el origen tanto del ser humano como del Universo. Cada pueblo creó a través de sus mitos una cosmogonía que ligó estrellas, pensamiento y asombro. Pero es a partir de los griegos, siempre ellos, que las respuestas se hicieron más racionales, más científicas.

Al misterio que supone todo lo relacionado con los cielos lo envuelve otro que no es menor pero sí de índole diferente: la dificultad de remover preconceptos sobre los que se edifica el pensamiento. Ya los jonios habían comenzado a dar respues-

COMPOSICIÓN DEL UNIVERSO
El Universo es un todo conformado por espacio, tiempo, materia y energía, y las leyes que gobiernan sus relaciones.

SISTEMA GEOCÉNTRICO
Durante muchos años se creyó que la Tierra era el centro alrededor del cual giraba el resto de la Creación. Según el modelo planteado por Ptolomeo en el siglo II, los planetas, la Luna y el Sol debían describir complejas órbitas alrededor de una Tierra siempre quieta.

ta a los interrogantes que se planteaba el ser humano cuando Aristarco propuso el modelo heliocéntrico hacia 250 a. C. Este modelo ubicaba en el centro del sistema al Sol, en torno del cual giraban la Tierra y los demás planetas. Para explicar el día y la noche, Aristarco recurrió a la idea de la rotación de nuestro planeta alrededor de su eje, lo que resultaba inverosímil para la mayoría de sus contemporáneos. Calculó con exactitud solsticios y equinoccios, para lo cual predijo la inclinación del eje terrestre. A su muerte entró en el olvido; nada de su obra pervivió sino mediante comentarios de terceros. La fuerza del prejuicio moldeó el pensamiento durante casi dos mil años, cuando la voz de Aristarco pudo comenzar a oírse otra vez.

TEORÍA GEOCÉNTRICA

En el lenguaje común la Tierra aún no gira, continuamos diciendo que el Sol sale por el Este. La observación está referida estrictamente al lugar donde nos ubicamos. Esta ubicación central de la Tierra fue desarrollada en la Antigüedad de manera racional por Claudio Ptolomeo, quien trabajó en el primer instituto de investigación que conoció la ciencia: el Museo de Alejandría. En el siglo II Ptolomeo recopiló investigaciones e hizo algunas propias que derivaron en un modelo de Universo coherente con las observaciones realizadas hasta ese momento. El modelo ubicaba a la Tierra en el centro y, girando alrededor de ella, la Luna, los planetas y las estrellas.

NICOLÁS COPÉRNICO (1473-1543)

La idea de un Universo heliocéntrico comenzó a difundirse entre quienes estudiaban los astros a partir de la obra de Copérnico y contribuyó a revolucionar no sólo el campo de estudio de la astronomía, sino el método científico en general.

Además de especialista en cuerpos celestes, Copérnico era matemático, físico, clérigo, diplomático y jurista, entre otras cosas. Pero lo que lo convirtió en una figura indispensable en la historia de las ciencias fueron sus aportes a la astronomía, y en concreto su teoría sobre el Sol como centro del Universo, en detrimento de la Tierra. Aunque en su época no tuvo un buen recibimiento por parte de sus colegas, el modelo heliocéntrico es considerado en la actualidad una de las teorías más importantes de la ciencia occidental en general.

Nicolás Copérnico es una romanización del nombre polaco Mikołaj Kopernik. Nacido en Toruń, Polonia, el 19 de febrero de 1473. A los 18 años Copérnico ingresó en la Universidad de Cracovia (una de las casas de estudio con mayor prestigio). A los 24 años se fue a Bolonia y luego a Padua, donde profundizó sus estudios matemáticos y se puso en contacto con la cultura de la Grecia clásica. Regresó a Polonia en 1497, donde aceptó el puesto de canónigo de la catedral de Frauenburg. Este cargo le aseguraba vitaliciamente una situación muy acomodada. Pero su gran curiosidad y sus ansias por aprender lo llevaron de vuelta a Italia, cuya vida cultural y científica era creciente, donde estudió medicina y leyes y comenzó sus investigaciones astronómicas.

La teoría geocéntrica copernicana contradecía el tratado formulado por Tolomeo, basado en referencias bíblicas, apoyado por Aristóteles y aceptado por la Iglesia. Consciente de la polémica que podrían generar sus postulados con la Iglesia a la que pertenecía, Copérnico desarrolló su teoría de la forma más respetuosa posible y asentó sus ideas básicas sobre criterios teológicos. De hecho, planteaba preguntas como ¿dónde mejor que en el centro del Sistema Solar podía el Creador haber situado la lámpara que nos ilumina?

El compendio de sus teorías se encuentra en el libro *De revolutionibus orbium caelestium (Sobre las revoluciones de las esferas celestes)*, una obra que el autor concluyó en 1530, pero que no fue publicada sino hasta 1540, cuando Copérnico al fin autorizó a sus allegados para que la dieran a conocer.

LA REVOLUCIÓN DE LOS ASTROS
Nicolás Copérnico fue el primero en proponer una teoría heliocéntrica de manera sistemática y organizada.

Como toda gran figura, Copérnico también es en cierto sentido una leyenda, y cuenta la leyenda que el primer ejemplar impreso de *De revolutionibus orbium caelestium* llegó a sus manos el último día de su vida. Nicolás Copérnico falleció en Polonia el 24 de mayo de 1543.

El Universo ptolemaico se basaba sobre dos presupuestos, el geocentrismo y los movimientos en círculo. Este modelo se introdujo en Europa alrededor del siglo XII, cuando fueron traducidos los textos del árabe.

TEORÍA HELIOCÉNTRICA

La teoría que ubicaba a la Tierra inmóvil como centro del Universo se mantuvo hasta el Renacimiento. En 1543 un clérigo polaco, Nicolás Copérnico, publicó *De revolutionibus orbium coelestium (Sobre las revoluciones de las esferas celestes),* donde planteaba su hipótesis, que desplazaba del centro a la Tierra para poner allí al Sol. La teoría de Copérnico no sólo describió la posición central del Sol dentro del sistema, sino que, y esto fue tanto o más importante, terminó con más de mil años de oscurantismo, abriendo las perspectivas para que hombres como Galileo, Kepler y Newton completaran su obra.

DE COPÉRNICO A NEWTON

El modelo de Copérnico permitía predecir con mucha mayor precisión la posición aparente de la Luna y los planetas en un momento determinado, pero tardó algún tiempo antes de que fuese generalmente reconocido. Uno de los problemas era que, al considerar a las órbitas alrededor del Sol como círculos perfectos, tampoco se lograba la buscada exactitud. El matemático y astrónomo Johannes Kepler, a partir de 1605, ajustó el modelo, al considerar que esas

MAX PLANCK (1858-1947)

Max Planck nació en Alemania y estudió en las universidades de Múnich y Berlín. Está considerado uno de los creadores de la física moderna, ya que fue quien formuló la teoría de la física cuántica. Fue en 1900 cuando expuso su teoría sobre la forma en que se distribuye la radiación electromagnética del cuerpo negro y su estructura cuántica, considerando como partícula lo que hasta entonces era considerado como onda.
Junto con la teoría de la relatividad formulada por Einstein en 1905, el "mundo cuántico" descubierto por Planck produjo la mayor revolución de los fundamentos de la física desde Newton.
En 1918 recibió el Premio Nobel de Física.

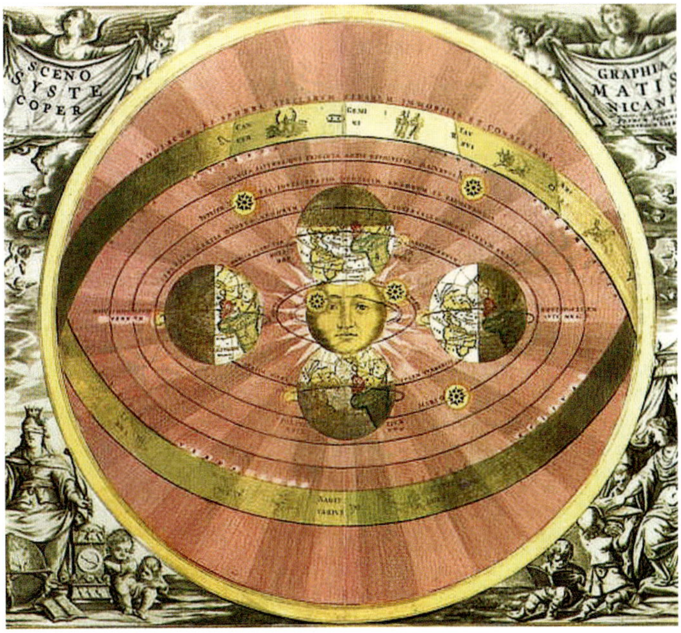

SISTEMA HELIOCÉNTRICO
La primera teoría fue planteada por Copérnico, pero el sistema recibió la contribución posterior de muchos científicos. Grabado de la "Harmonia Macrocósmica", de Andreas Cellarius (1708).

órbitas eran elípticas, lo que le permitió relacionar las velocidades de los planetas con las áreas de las elipses que describen y su distancia con respecto al Sol. Paralelamente, Galileo Galilei lograba las primeras comprobaciones del modelo copernicano. Con el uso del telescopio, Galileo observó que Júpiter tenía satélites (lo que contradecía la idea de que todo giraba alrededor de la Tierra) y que Venus presentaba fases que sólo se podían explicar por la combinación de dos movimientos: alrededor del Sol y de rotación sobre su eje.

Por su parte, Isaac Newton (1642-1727) completó este modelo al formular su ley de gravitación universal. La atracción ejercida por la fuerza de gravedad explicaba tanto por qué, pese a que la Tierra está en movimiento, estamos sujetos a ella, como por qué unos cuerpos celestes orbitan alrededor de otros.

LAS NUEVAS TEORÍAS

Los siglos posteriores fueron de descubrimiento. Los conceptos antes inmutables eran considerados ahora como procesos dinámicos, y proporcionarían una fértil semilla para que a principios del siglo XX se produjera una nueva revolución sólo comparable con aquella representada por Copérnico.

La física, encargada de desvelar los mecanismos íntimos del comportamiento de la materia, fue uno de los campos científicos en donde se produjo una profunda revisión de los fundamentos sobre los que se había erigido. Dos hombres, cada uno por su lado, trataron de

LA BIBLIOTECA DE ALEJANDRÍA

La ciudad fundada por Alejandro Magno fue por mucho tiempo el centro del comercio, la cultura y el conocimiento. Su arquitectura era imponente, llena de estatuas de mármol y un faro considerado una de las siete maravillas del mundo. Poseía además una biblioteca que congregaba el saber de aquella época. No fue Alejandro sino sus sucesores, la dinastía de los Ptolomeo, los que impulsaron su creación. En ella una enorme cantidad de eruditos en distintas disciplinas investigaban literatura, física, matemática, filología, medicina, filosofía, ingeniería y astronomía, constituyendo un pequeño universo que intentaba descifrar otro mayor.

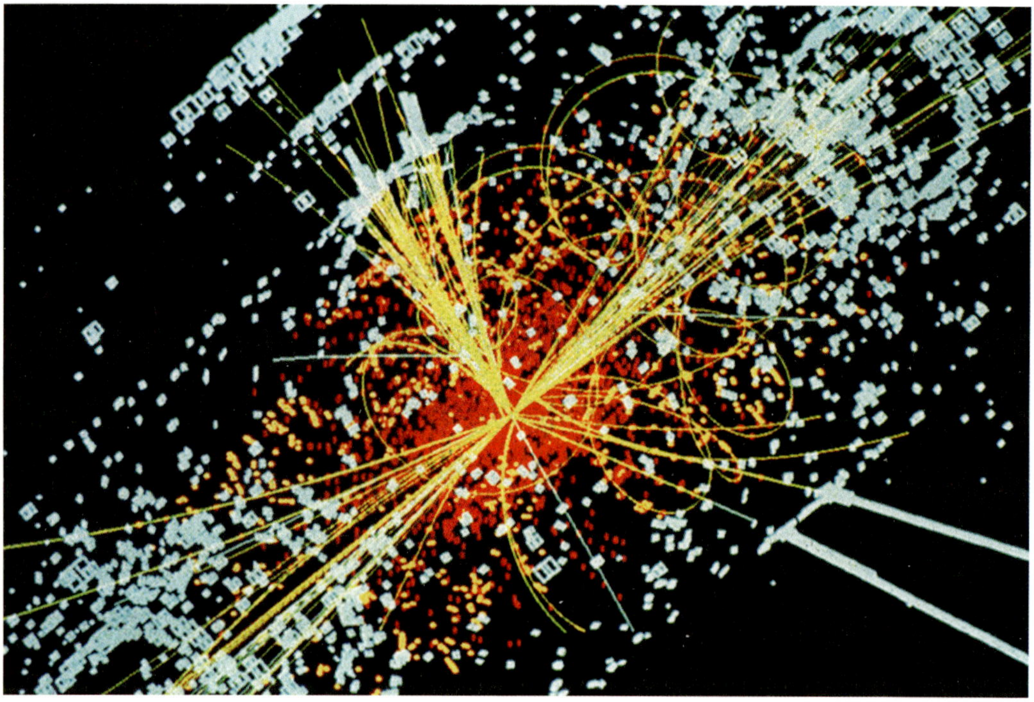

SIMULACIÓN DEL BOSÓN DE HIGGS
La experiencia consiste en hacer colisionar dos haces de protones que van en sentido opuesto hasta alcanzar el 99,99% de la velocidad de la luz.

explicar tanto la composición de la materia como las grandes estructuras del Universo, sin poder congeniar hasta ahora ambas visiones. Albert Einstein y Max Planck fueron los representantes de las dos teorías que, aunque divergentes, explican por sí mismas tanto lo muy grande como lo muy pequeño. A partir de la relatividad general apareció otra teoría referida al Universo: la del Big Bang. Esta teoría, que como vimos señala que todo el Universo habría tenido su origen en un punto, es una construcción que se fue modelando a partir de los enunciados de la teoría de la relatividad general de Einstein. Por lo tanto, no es una creación aislada de un científico, sino el producto de la investigación y las especulaciones de numerosos investigadores.

TEORÍAS DE CAMPO UNIFICADO

La teoría de campo unificado sugiere que un evento en un determinado campo puede inducir a otro en un campo diferente.

Un ejemplo de esta hipótesis lo constituye el hallazgo de Maxwell, quien, a instancias de un experimento realizado por Faraday en 1831, descubrió que los campos magnéticos inducían corrientes eléctricas. De esta manera se unieron electricidad y magnetismo, fenómenos no relacionados hasta entonces. Entre la física de partículas y la cosmología se pretende construir un puente similar, mediante ciertas explicaciones que producirían el ansiado acercamiento de ambos campos.

PARTE DEL IMÁN DEL LHC
Los aceleradores de partículas permiten conocer procesos relacionados con las fuerzas que gobiernan la materia. La imagen corresponde al Gran Colisionador de Hadrones (LHC) de la Organización Europea para la Investigación Nuclear (CERN). Científicos de todo el mundo participan en este proyecto. Por ejemplo, la participación española se coordina a través del Centro Nacional de Física de Partículas, Astropartículas y Nuclear (CPAN, Consolider 2010), y ha sido considerada como "extremadamente positiva" por sus directores.

SUPERSIMETRÍA Y MODELO ESTÁNDAR

La supersimetría no se ha verificado aún, pero forma parte de modelos teóricos actuales, especialmente en teorías de campo unificado. Los recientes experimentos realizados con el Gran Colisionador de Hadrones (LHC) en 2010 buscan la confirmación de estas teorías. La supersimetría supone la unificación de las cuatro fuerzas tal como se describen en los primeros momentos del Big Bang. Uno de los modelos que guían estos trabajos es el Modelo Estándar, que contempla tres de estas fuerzas, dejando de lado la gravedad, por lo que muchos creen necesario ampliar el modelo. Como es una teoría cuántica que describe el comportamiento de las partículas elementales, detengámonos en un átomo para ver por dentro su estructura y comprenderlo mejor.

EL INTERIOR DE LA MATERIA

Para la mayoría de las ciencias describir un fenómeno supone por lo general observarlo, medirlo, cuantificarlo y, si es posible, diseccionarlo. En el campo de la física, si bien se pretende seguir este método de investigación, llega un punto en donde las certezas se desvanecen y se hace necesario usar la imaginación. Esto es así en parte porque no se tiene aún el suficiente desarrollo tecnológico. El terreno en el que se manejan los físicos es desconocido, o casi, y los vacíos se completan con suposiciones o, para ser más exactos, con predicciones. Esto implica que, en

EL BOSÓN DE HIGGS

LA PARTÍCULA DIVINA

Esta partícula elemental no ha podido detectarse aún mediante experimento alguno, pero sin embargo, el modelo estándar de la física de partículas predice su existencia. Según la teoría electrodébil, debe existir una partícula cuya masa sea cercana a la de los bosones W y Z, que intervienen en la interacción nuclear débil.

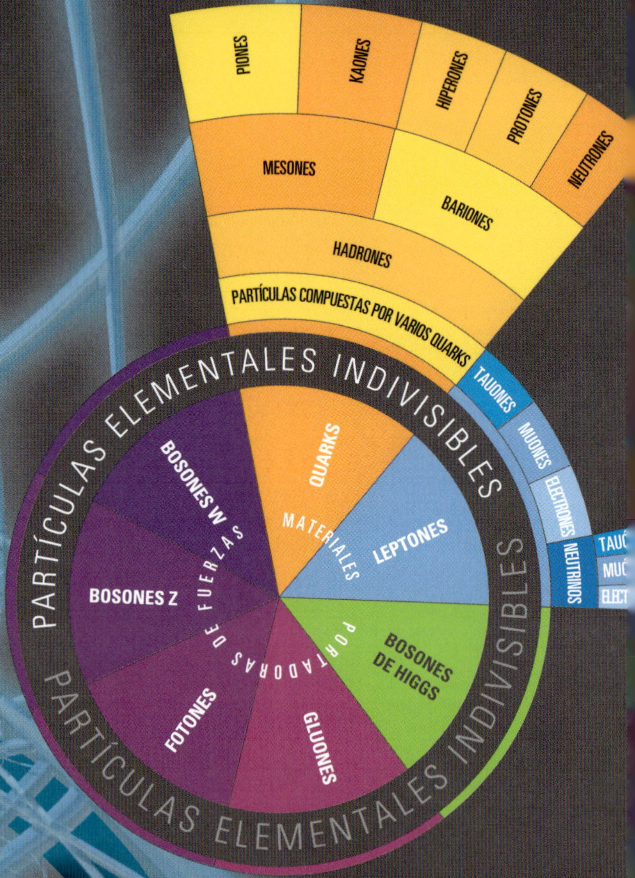

PARTÍCULAS ELEMENTALES
Son los constituyentes básicos del Universo. No pueden dividirse en partes más pequeñas.

PARTÍCULAS MATERIALES
Poseen la "carga" para que actúe sobre ella la interacción correspondiente a cada tipo de carga.

PARTÍCULAS PORTADORAS O BOSONES
Llevan las fuerzas básicas del Universo: interacción fuerte, gravitacional, electromagnética y débil.

LEPTONES
Son partículas muy ligeras. Algunas están cargadas de energía y entre ellas la más conocida es el electrón.

BOSÓN DE HIGGS
Sería el encargado de dota de masa a las partículas y s formaría a partir de la fusió de dos gluones.

QUARKS
Existen varios tipos o "sabores" y estos se combinan de a tres para formar protones y neutrones.

el ámbito de la física, cuando se observa un evento, primero se supone la existencia del fenómeno que lo provoca y luego se busca observarlo. Esto es lo que sucede con la famosa "partícula divina", el bosón de Higgs, que ha tenido pendiente al mundo entero y que ya todos queremos conocer. Aunque esto no parece ser algo tan sencillo de lograr.

Cuando comenzamos a separar las capas que forman la materia nos encontramos con que sabemos de la existencia de muchas partículas no porque hayamos podido verlas, sino porque fue posible detectar sus efectos.

Llegando al centro de la materia descubrimos que, por un lado, están los quarks y los leptones (el electrón es un leptón), a los que se denomina fermiones. Estos fermiones se caracterizan por un número cuántico que se denomina spin (1/3; 3/2; etc.). Por otra parte, están los bosones, que, a diferencia de los fermiones, no son materia, sino que son los encargados de las fuerzas que unen la materia y se diferencian por el spin, que en este caso es entero (0; 1; etc.). Es decir que la materia que compone un átomo (los fermiones) está unida por un constante intercambio de bosones, de los cuales el más conocido es el fotón. Las fuerzas que mantienen unido al núcleo se llaman gluones. Las partículas nunca intercambian sus funciones, cada una cumple estrictamente con el papel que tiene asignado. Si, en cambio, estas partículas pudieran intercambiarse, borrando la diferencia entre ellas, se hablaría de supersimetría.

Estas teorías predicen además que antes de la separación de las cuatro fuerzas, es decir, en el preciso instante del Big Bang, todas las partículas tenían su compañera. Así el fotón (recordemos que es un bosón) tiene de compañero a un fermión que se llama fotino. Lo mismo ocurre para el resto, aunque en la denominación lo único que cambia es el agregado de una "s" antes de la palabra, por ejemplo el compañero del neutrón es el sneutrón y el del quark, el squark. Dado que estas hipotéticas partículas serían más masivas que sus compañeras, son candidatas a integrar la materia oscura.

TEORÍAS DE SUPERCUERDAS

La teoría de la supersimetría es la que subyace a la moderna teoría de supercuerdas. En ninguna de estas teorías existen predicciones teóricas basadas en la experimentación ni en observaciones, sino que tienen un fuerte arraigo matemático y poseen algo que es fundamental para muchos científicos: elegancia. Quizá nos resulte un poco extraño que este concepto se maneje en campos alejados del arte, pero cuando uno se sumerge en espacios infinitos seguramente compruebe que todo tiene que ver con todo.

Los primeros avances en esta dirección fueron hechos en 1968. La teoría establecía que las partículas elementales estaban compuestas por diminutas cuerdas que vibraban, de manera similar a como vibran las cuerdas de un instrumento cuando se las pulsa. A cada forma de

TEORÍA M

La teoría del Todo, que pretendía conjugar tanto la descripción del Universo como de las partículas, comenzó a desvanecerse. Tantas variantes y dimensiones entorpecían la comprensión de la teoría que conjugaba ambas visiones. Fue Edward Witten quien, en 1995, y cuando nadie lo esperaba, planteó en una conferencia que en realidad las cinco versiones eran una sola, y para explicarlo usó una analogía con espejos que la reflejaban de maneras diferentes. También agregó una dimensión más a las diez conocidas, por lo que la nueva teoría ahora sumaba once. También planteó las dimensiones como grados de libertad, y el problema de la gravedad lo superó al incorporar el gravitón como una cuerda en sí misma. Según la teoría, ahora existirían muchos tipos de cuerdas, abiertas y cerradas, algunas adheridas a una membrana que serían las estructuras más grandes del Universo. La existencia de estas branas (membranas) proporcionarían otra explicación al origen del Universo, un Universo que no tendría principio ni final y donde el choque de las branas produciría constantemente nuevos universos. También esta teoría ofrece una respuesta para la esquiva energía oscura que según suponen se encuentra "escondida" en las dimensiones extras que describe la teoría.

EDWARD WITTEN
Este físico y matemático estadounidense conmocionó al mundo de la ciencia con su teoría M sobre la naturaleza del Universo.

vibración correspondería una partícula diferente. Fueron descritas como muy pequeñas, tanto que no pueden observarse. La comparación del tamaño en relación con el protón sería una escala donde el protón es todo el Sistema Solar y la cuerda un árbol. Otra particularidad que describieron era que viajaban a mayor velocidad que la luz. Pero la teoría presentaba algunos desajustes, como anomalías matemáticas, además de no resolver el problema de la gravedad, que seguía postergado. Unos años después la teoría comenzó a robustecerse creando más dimensiones, seis más que las cuatro conocidas, y describiendo cinco variantes de la teoría, lo que derivó en la llamada teoría del Todo.

TEORÍAS SOBRE EL FINAL

El avance tecnológico de la última década, lejos de haber cuestionado la teoría del Big Bang, la ha fortalecido, y en la actualidad tiene gran consenso dentro de la comunidad científica y entre la gente en general. Pero ¿cómo terminará todo? Si es que termina... En este punto hay

QUÉ ES LA DENSIDAD CRÍTICA

La densidad crítica es un valor que se significa con la letra Ω. Los científicos siempre han pensado que la densidad del Universo debería coincidir con este valor, en más o en menos, pero siempre estar cerca.

AGUJEROS DE GUSANO

Los agujeros de gusano son túneles que permitirían conectar dos lugares del espacio-tiempo. Esta hipótesis supone la posibilidad de ir de un punto al otro del Universo más rápidamente, viajar en el tiempo.

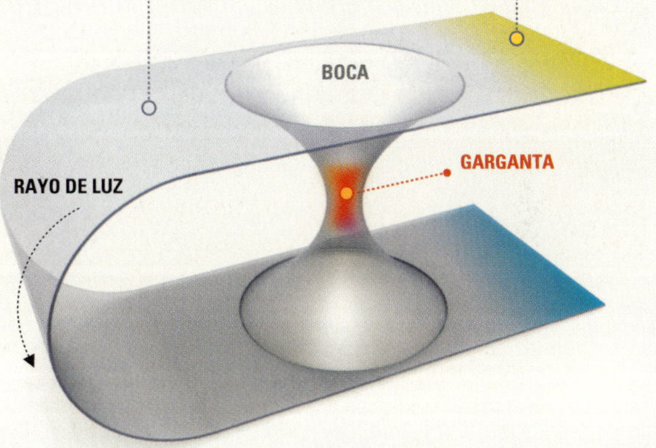

OTRO MODO DE VIAJAR
La teoría de los agujeros de gusano propone que es posible tomar "atajos" en el continuo espacio-tiempo.

Este nombre particular proviene de la analogía que se estableció para que se comprendiera este tipo de evento, comparando al Universo con una manzana donde un gusano para ir al otro lado de su superficie, en vez de recorrerla, la atravesaba, acortando las distancias. El término fue creado por John Wheeler en 1955. Aunque la hipótesis para su constitución surgió a partir de la teoría general de la relatividad, cuando un físico vienés, Ludwig Flamm, dedujo una solución diferente de las ecuaciones de Einstein referidas a los agujeros negros.

Las especulaciones de viajes a través de los agujeros de gusano se empezaron a conocer en la década de 1980. Carl Sagan estaba escribiendo su novela *Contacto* y necesitó transportar a su protagonista muy lejos en el espacio, y en poco tiempo. Como la novela pretendía un asidero científico, Sagan consultó a tres expertos del Instituto de Tecnología de California sobre la posibilidad de viajar en el espacio a velocidades superiores a la velocidad de la luz. La respuesta no estaba en superar esta velocidad, sino en cambiar la estructura del espacio-tiempo.

Más allá de la ciencia ficción, actualmente se especula con la posibilidad de crear agujeros de gusano a partir de la energía exótica o negativa, un tipo de energía diferente de la conocida y aún hipotética, aunque relacionada con el efecto Casimir descrito en la energía del vacío.

La teoría postula la existencia de dos tipos de agujeros de gusano: los intrauniverso y los interuniverso.

Los intrauniverso son aquellos que conectan dos posiciones de un mismo universo en coordenadas temporales distintas. Según la teoría, el agujero de gusano permitiría realizar viajes en un tiempo muy corto gracias a plegamientos del espacio-tiempo. Por otra parte, los agujeros interuniverso (también conocidos como agujeros de gusano de Schwarzschild) permitirían realizar viajes entre universos paralelos o a través del tiempo.

Analizados desde el punto de vista de la teoría de supercuerdas, los agujeros de gusano no serían otra cosa que la conexión de dos branas (estructuras más grandes del Universo).

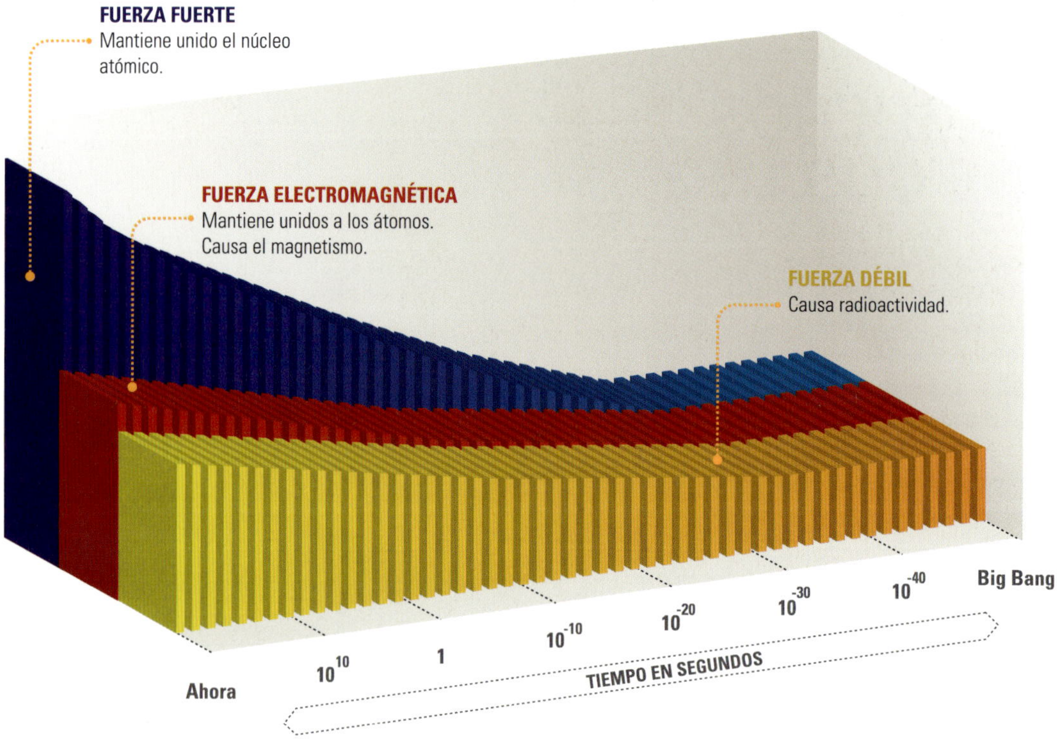

LA GRAN UNIFICACIÓN

Aunque las fuerzas que conocemos actualmente tienen diferentes potencias, si nos remontamos a los primeros segundos después del Big Bang, vemos que todas tienen una potencia similar y se unifican en una gran superfuerza.

enigmas más que certezas. Tratando de dejar toda especulación de lado, que en el fondo también se trata de eso, hay algunos parámetros por los que se guían los científicos para predecir los posibles caminos que seguirá la evolución del Universo, y esto lo da la densidad crítica. Dependiendo de ella, el Universo se comportará de una u otra manera. ¿Llegará un momento en el que la atracción de la fuerza de gravedad detenga la expansión del Universo? ¿O quizá éste continúe expandiéndose hasta atomizarse de tal manera que sólo quede frío y oscuridad?

BIG CRUNCH CONTRA BIG RIP

El Big Crunch o Gran Implosión describe un Universo con una densidad superior al valor crítico, por lo que, llegado el momento, cesaría la expansión y comenzaría a contraerse de manera acelerada hasta llegar al punto denso de donde partió. Su descripción es simétrica al proceso de expansión. Vistas desde la Tierra, las galaxias presentarían un corrimiento al azul y la radiación cósmica aumentaría a medida que se acercaran las instancias finales, convirtiéndose el Universo en un gran invernadero. Esta teoría tiene su contrapartida en otra que describe un Universo cuya densidad está por debajo del valor crítico. En el Universo del Big Rip los soles tendrán el mismo destino que el nuestro. Poco a poco las luces de las estrellas se apagarán y sólo habrá oscuridad. Un lento enfriamiento

ESTRELLAS FUGITIVAS
Se mueven a velocidades extremas comparadas con los otros cuerpos de su entorno. Pueden originarse a partir de un choque entre sistemas binarios o en la explosión de supernovas.

EL BIG BOUNCE

UNIVERSO CONTINUADO

La teoría del Big Bounce o Gran Rebote es sostenida por muchos científicos en la actualidad. Según ella, el Big Bang sería sólo un hito en una larga cadena de expansiones y contracciones del Universo. Esas contracciones se conocen con el nombre de Big Crunch o Gran Implosión.

COSMOLOGÍA DE BRANAS

Es una de las teorías que proponen un Universo cíclico e infinito. Sostiene que existen infinitas membranas (branas) y que cada una de ellas corresponde a un Universo. El choque entre branas daría lugar a un Big Bang.

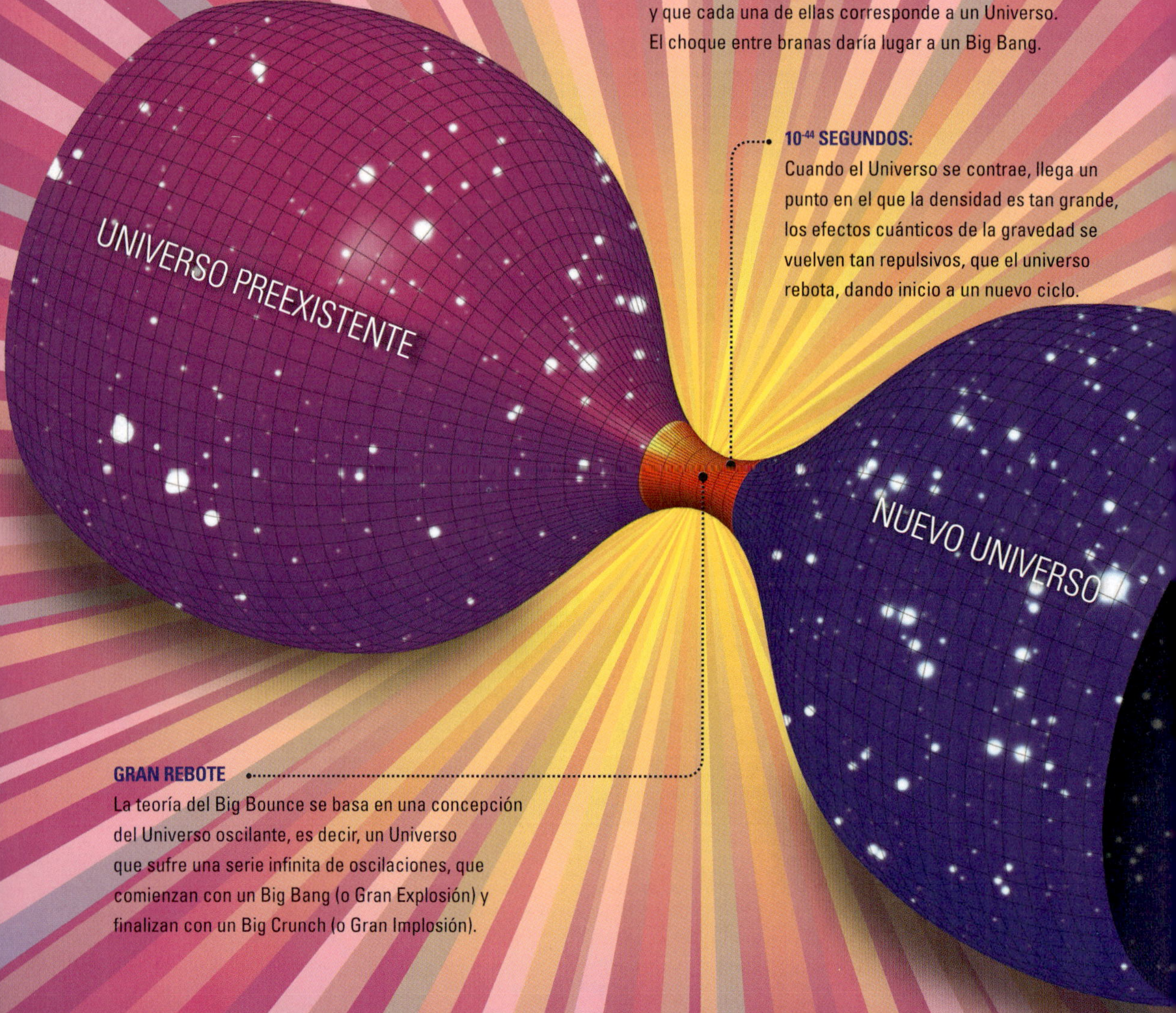

10^{-44} SEGUNDOS:

Cuando el Universo se contrae, llega un punto en el que la densidad es tan grande, los efectos cuánticos de la gravedad se vuelven tan repulsivos, que el universo rebota, dando inicio a un nuevo ciclo.

GRAN REBOTE

La teoría del Big Bounce se basa en una concepción del Universo oscilante, es decir, un Universo que sufre una serie infinita de oscilaciones, que comienzan con un Big Bang (o Gran Explosión) y finalizan con un Big Crunch (o Gran Implosión).

irá apoderándose de todo. Mientras tanto continuará la expansión de la radiación. Cuando sólo queden restos de átomos, éstos también se separarán y los agujeros negros terminarán por perder su masa. Las pequeñas partículas que sobrevivan se desintegrarán.

Mucho después, todo será frío y radiación en expansión.

EL CICLO SIN FIN

Hasta ahora hemos visto algunas hipótesis acerca de cómo será el fin del Universo. Sin embargo, hay otro cuerpo de teorías que se niega a pensar un Universo finito.

En la misma línea de las teorías de supercuerdas, es decir, de las teorías que intentan unificar la gravedad relativista con la mecánica cuántica, se encuentra la LQG o teoría cuántica de bucles. Ésta es una teoría que va más lejos de lo que otras teorías han ido, ya que los científicos que la desarrollan remontan sus predicciones a momentos anteriores al Big Bang, ofreciendo una explicación diferente de la mayoritariamente aceptada hasta ahora. La teoría cuántica de bucles predice que, en el momento del Big Bang existía un volumen que, aunque muy pequeño, no era cero; también predice que la densidad y la energía tampoco eran infinitas. Negada la singularidad (es decir, la existencia de un punto matemático de dimensión cero, pero de densidad y temperatura infinitas), se puede predecir lo que sucedió con anterioridad. Nuestro Universo estaría de esta forma conectado con otro anterior, que se contrajo hasta un punto tal para volver a expandirse. Esto crearía una cadena de universos relacionados y en cierta forma similares, aunque no idénticos. Este punto de encuentro sería el Big Bounce, aunque ciertos parámetros anteriores y posteriores son independientes a la vez que indeterminados por la misma mecánica cuántica. Esta indeterminación introduce una desconexión que no permite predecir con exactitud las propiedades de un Universo y otro al atravesar el Big Bounce.

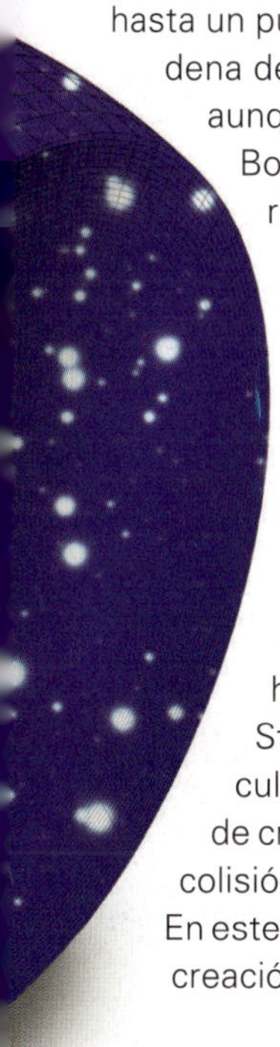

NEIL TUROK

Su modelo del Universo cíclico está basado en la cosmología de branas, propia de la teoría de las supercuerdas.

EL UNIVERSO INFINITO

Los modelos de Universo cíclico, como el que plantea el Big Bounce, tienen diversas expresiones dentro de la cosmología moderna. Uno de los modelos que ha logrado trascendencia es el desarrollado por Paul J. Steinhardt y Neil Turok en 2002. Ambos científicos especulan con que "lo que consideramos como el momento de creación fue simplemente parte de un ciclo infinito de la colisión titánica entre nuestro Universo y un mundo paralelo". En este modelo de branas no existiría comienzo ni fin, sino una creación permanente de universos.

1915 ALBERT EINSTEIN
Teoría de la relatividad general a partir de la constante cosmológica y del principio cosmológico que establece la homogeneidad del Universo.

1916 WILLEM DE SITTER
Compartió los postulados de la teoría de la relatividad general de Einstein aportando ecuaciones a los modelos que describían el Universo.

1920 HEBER CURTIS (FOTO) Y HARLOW SHAPLEY
Iniciaron una confrontación acerca de la existencia de los Universos-isla, conocida dentro del campo de la astronomía como el Gran Debate.

1929 EDWIN HUBBLE
Publica un análisis de las nebulosas y establece la ley de Hubble, que plantea la relación entre corrimiento al rojo y distancia de las galaxias.

1948 HERMANN BONDI (FOTO), THOMAS GOLD Y FRED HOYLE
Proponen un modelo de Universo a gran escala, la teoría del Estado Estacionario, que describe un Universo uniforme en el espacio y el tiempo.

1930 GEORGES LEMAITRE
Plantea su teoría sobre el origen del Universo a partir de un solo átomo primigenio o huevo cósmico, teoría ahora conocida como Big Bang.

1933 FRITZ ZWICKY
Diferenció las novas de las supernovas y planteó la atracción gravitatoria de las galaxias. Se comenzaba a atisbar la noción de materia oscura.

LOS GRANDES INVESTIGADORES

A partir de la teoría de la relatividad, las hipótesis acerca del origen, naturaleza y futuro del Universo se han multiplicado. Desde modelos de Universo estático, donde tiempo y espacio se mantienen constantes, hasta modelos de Universo isótropo, en permanente cambio, los investigadores desarrollaron diversas teorías que aún hoy, cien años después de aquel descubrimiento iniciático, todavía suscitan más incógnitas que certezas.

1998 ADAM RIESS (FOTO) Y SAUL PERLMUTTER
Obtuvieron pruebas de la existencia de la energía oscura mediante observaciones de la aceleración de la expansión de supernovas.

1965 ARNO PENZIAS Y ROBERT WILSON
Detectan la radiación de fondo de microondas que luego Robert Dick reconocería como tal y que se considera clave en la comprobación del Big Bang.

1981 ALAN GUTH
Introduce la inflación cósmica en los primeros momentos del Big Bang, producida por una densidad de energía del vacío de presión negativa.

EORGE GAMOW (FOTO) Y RALPH ALPHER
tablecen las primeras consideraciones sobre el iverso primitivo y los procesos de nucleosíntesis que urren durante la evolución estelar.

NAVE *APOLO 17*
Fue el primer despegue nocturno y el último de las misiones *Apolo* relacionadas con la Luna.

6 La observación del Universo

El nuevo milenio marcó un antes y un después en el conocimiento del espacio exterior. Las observaciones con aparatos cada vez más potentes, así como la navegación más allá de la órbita de la Tierra, son hitos no sólo para la historia de la ciencia, sino para la humanidad en su conjunto. En muchos casos, las observaciones y los viajes espaciales fueron claves para confirmar teorías establecidas respecto del Universo y sus múltiples misterios, pero en otros generaron nuevas y fascinantes incógnitas.

La observación del Universo

El Universo visible, que se extiende hasta el así llamado horizonte cosmológico, es la parte del Universo que se puede ver y medir. Hasta hace poco tiempo, no más de veinte años, las posibilidades de ver el espacio exterior eran limitadas. Los observatorios terrestres no ofrecían el alcance ni la nitidez suficientes. Había que construir un telescopio que fuera capaz de ayudar al ser humano a ver más allá de la atmósfera de la Tierra. Y luego había que ponerlo en órbita para permitirle horadar el espacio exterior. El *Telescopio Espacial Hubble* permitió que estos objetivos se cumplieran.

Lo que por mucho tiempo se alimentó de teorías, algunas realmente descabelladas, ahora se mostraba ante los ojos de la comunidad científica y de todo el público. El Universo se podía ver, y esto confirmaba, a la vez que rechazaba, muchos postulados que se habían ido conformando a lo largo de la historia del conocimiento del espacio.

ROBERT GODDARD (1882-1945)

Este pionero de la cohetería (en la imagen, mostrando su primer cohete de combustible líquido, en 1926) no tuvo en vida el reconocimiento merecido por su labor, y en muchas ocasiones despertó críticas incisivas, especialmente de parte de la prensa estadounidense. Él, junto con el ruso Konstantin Tsiolkovsky (1857-1935) y el rumano Hermann Oberth (1894-1989), planteó avances fundamentales en el desarrollo de la moderna tecnología de cohetes. En su honor se estableció el 1 de mayo de 1959 el Centro de Vuelo Espacial Goddard de la NASA.

ROBERT L. SATCHER JR.
durante una misión de actividad extra vehicular (EVA) de mantenimiento de la *Estación Espacial Internacional*, verdadera ciudad espacial que orbita la Tierra.

UNA BREVE HISTORIA

Hace alrededor de un millón de años alguien levantó del suelo una piedra afilada y la usó como instrumento para la caza. El ingenio y la curiosidad de ese primer hombre llevarían a nuestra especie desde aquella pequeña piedra hasta la exploración de los confines del Universo.

En la actualidad existe infinidad de sofisticados aparatos que conforman la tecnología moderna, y es imposible distinguir qué hechos fueron el motivo y cuáles la consecuencia en el andamiaje que nos ha llevado tan lejos. Aunque en la exploración del espacio podríamos encontrar un primer antecedente en China, mucho antes del nacimiento de Cristo, cuando el hombre comenzaba a despegarse de la tierra. En ese entonces, cañas de bambú rellenas de pólvora eran impulsadas al cielo durante las ceremonias religiosas. Más tarde su desarrollo estuvo conectado con el empleo

LOS PRIMEROS ASTRONAUTAS

Yuri Gagarin fue el primer ser humano enviado al espacio. Él ubicó a los soviéticos en el liderazgo de la carrera espacial. Tan sólo 23 días después los estadounidenses enviaron a Alan Shepard a bordo de la nave *Mercury 3*. Ésta sólo alcanzó los 187 km de altura, por lo que se consideró que su vuelo era suborbital y no fue tomado en cuenta. Más tarde John Gleen sería considerado como el primer estadounidense en orbitar la Tierra, y lo hizo en tres ocasiones. La carrera espacial había comenzado.

YURI GAGARIN
el 12 de abril de 1961, a bordo de la *Vostok 1* orbitó la Tierra durante 108 minutos a 315 km de altura.

de armas, y de ahí su perfeccionamiento. Pero fue en el siglo XX, a partir de numerosos trabajos realizados en los Estados Unidos, la Unión Soviética y Alemania, que se dio forma a lo que luego serían los vuelos espaciales.

LOS PRIMEROS PROGRAMAS ESPACIALES

Los primeros programas espaciales comenzaron después de la Segunda Guerra Mundial, cuando los Estados Unidos llevaron científicos y materiales de la derrotada Alemania nazi a su país. Dos sondas inauguraron este tipo de investigación, las NRL V-2 en 1946 y 1949, respectivamente, destinadas a la observación de eventos relacionados con el Sol. La década de 1950 fue fructífera en este tipo de empresa. Los satélites *Explorer III, Pioneer 0, 1, 3* y *4,* de los Estados Unidos, y los *Sputnik 1, Luna 1, 2* y *3,* de la Unión Soviética, dieron comienzo a las investigaciones sistemáticas del espacio exterior. A principios de 1960 los soviéticos harían una apuesta más ambiciosa: vuelos espaciales tripulados.

El primero de ellos, llamado *Vostok*, participó de seis vuelos tripulados que comenzaron el 15 de mayo de 1960. En un principio se mandaron animales, hasta que en 1961 un hombre tripuló por primera vez una nave espacial. A este programa le seguiría el *Voskhod.*

LA CONQUISTA DE LA LUNA

La tensión que existía durante los años de la Guerra Fría entre las dos potencias más grandes del mundo se vio reflejada en la llamada carrera espacial. Aun antes de que los soviéticos lograran poner un ser humano en el espacio, sus investigaciones estaban dirigidas a un claro objetivo: la Luna.

Ya en 1959 el programa espacial soviético había desarrollado el *Luna 1*, que sería la primera nave en ir más allá de la gravedad terrestre. Le seguirían el *Luna 2* y el *Luna 3*, cuyo logro fue mostrar la cara oculta de nuestro satélite. Para 1968 tanto los Estados Unidos como la Unión Soviética habían logrado poner varias misiones tripuladas en la órbita terrestre. Pero la carrera continuaba y, si bien los soviéticos llevaban la delantera, el descender en la Luna se había convertido en la meta que les daría una victoria propagandística a quienes lo lograsen. El programa Géminis, primero, y luego el Apolo, llevados adelante por los Estados Unidos, estaban dirigidos a allanar el camino para poder cumplir ese objetivo. Pero los logros obtenidos en la contraparte hacían temer el nada deseable segundo puesto. Los soviéticos no sólo habían sido los primeros en orbitar la Tierra, sino que además lograron la primera misión con varios tripulantes, también realizaron la primera caminata espacial y, por si fuera poco, consiguieron que la nave *Venera 3*

EL MÓDULO LUNAR *EAGLE* cuando se desprende del *Columbia*. Transporta al comandante de la misión, Neil Armstrong, y a su compañero Edwin Aldrin.

DESCENSO FORZOSO de la *Apolo 13* en el océano Pacífico Sur, después de superar exitosamente los graves inconvenientes que ocasionó la explosión de uno de los módulos de servicio.

fuera la primera en penetrar la atmósfera de otro planeta, Venus. En cuanto a la Luna se refiere, el *Luna 9* había descendido sobre la superficie lunar sin mayores inconvenientes. Era evidente que llevaban una amplia ventaja.

EL PROGRAMA APOLO

A pesar de todo, los hombres de la NASA estaban convencidos de poder lograr sus propósitos. Para eso, el proyecto Apolo contaba con amplia disponibilidad de fondos y hombres. El propio presidente de los Estados Unidos, John F. Kennedy, había comprometido su palabra en la empresa.

Pero una tragedia, la muerte de tres astronautas mientras realizaban un entrenamiento, casi dio por tierra con las amplias expectativas puestas en el proyecto.

Sin embargo, las pruebas continuaron, y en la Navidad de 1968 la primera nave tripulada escapó de la órbita terrestre para dar vueltas alrededor del codiciado satélite. La *Apolo 8* no descendió, pero dejó claramente asentado quiénes serían los destinados a dejar sus huellas en el suelo lunar. Este satisfactorio antecedente sellaría la suerte de la próxima misión.

LA LLEGADA A LA LUNA

La *Apolo 11* partió el 16 de julio de 1969 de Cabo Kennedy. La propulsión ejercida por el cohete *Saturno V* llevó al espacio a los módulos *Columbia* y al módulo lunar *Eagle* (Águila), que descendería en la superficie de la Luna. Ya en órbita lunar, el comandante de la misión, Neil Armstrong, y el piloto del *Eagle*, Edwin Aldrin, se desprendieron del *Columbia*. Allí quedaba su piloto, Michael Collins, esperando su regreso mientras permanecía en órbita lunar. El primer alunizaje ocurrió la mañana del 20 de julio de 1969, cuando el módulo lunar descendió sobre el Mar de la Tranquilidad. "El *Eagle* (Águila) ha descendido." La voz de Armstrong llevaba tranquilidad a la vez que generaba una incontenible euforia entre los científicos de la NASA. Millones de personas presenciaron el alunizaje en los aún precarios televisores del momento. La Tierra toda vivía el acontecimiento con creciente expectativa. Después de los preparativos, el comandante abrió la escotilla. Iniciaría junto con su compañero una larga caminata, aunque lo que quedó grabado para siempre fue su primera frase: "Éste es un pequeño paso para el hombre, pero un gran salto para la humanidad".

En este proyecto los Estados Unidos contaron con el apoyo de naciones como España, que en 1960, y a partir de un acuer-

EL PRIMER ALUNIZAJE

El 21 de julio de 1969, Neil Armstrong fue la primera persona en pisar la Luna. Lo hizo al sur del Mar de la Tranquilidad y a unos 90 km de dos cráteres casi gemelos, conocidos como Ritter y Sabine. Un pequeño paso para el ser humano que millones de personas siguieron por televisión. En la imagen, Aldrin saluda la bandera de los Estados Unidos sobre la superficie lunar.

EN LA TRAGEDIA DEL *CHALLENGER* murió un civil, además de sus seis tripulantes. Christa McAuliffe era una maestra que había accedido al vuelo a instancias de un programa de participación de civiles, que en ese momento llevaba a cabo la Agencia Espacial de los Estados Unidos.

SUPERFICIE DE MERCURIO tomada por la sonda *Mariner 10*, la primera nave en explorar de cerca este planeta.

do entre los gobiernos español y estadounidense, concretó la instalación de la primera estación espacial española. La estación de Maspalomas, en Gran Canaria, participó de todos los vuelos tripulados de la NASA, entre los cuales la misión *Apolo 11* fue la que mayor trascendencia tuvo.

LAS MISIONES APOLO

Los que creyeron en su momento que el pisar la Luna sería un trampolín hacia la intensificación de los viajes tripulados se equivocaban. Si bien la siguiente misión fue en noviembre del mismo año, ya no contó con la cobertura mediática esperada, clara medida del interés general. Era fines de 1969 y aun así se preparaban más misiones para el año siguiente. En abril de 1970 la *Apolo 13* debió dar por abortada su misión antes de alunizar, a causa de la explosión en uno de los módulos de servicio. La pericia de los técnicos de la NASA y la intrepidez de los astronautas impidió la tragedia.

Contra todos los pronósticos, los recursos comenzaron a escasear, se recortó personal y, a pesar de que los planes proyectaban veinte misiones, sólo se concretaron diecisiete. Las tres últimas fueron utilizadas en un nuevo programa: el *Skylab*, que sería el primer laboratorio espacial puesto en órbita. El programa Apolo comenzaba a languidecer. Doce astronautas más viajarían en las siguientes misiones que concluyeron el 19 de diciembre de 1972. Después de la última misión, ningún ser humano volvería a estar más allá de la órbita baja terrestre.

LOS VIAJES INTERPLANETARIOS

Ante el logro que había significado pisar por primera vez la Luna y plantar allí la bandera estadounidense, los soviéticos orientaron sus recursos hacia la robótica y la exploración interplanetaria. Ya en 1970 habían llevado a la Luna el primer vehículo robótico, el *Lunajod*. Al año siguiente llegarían a Marte con la nave *Marte 3*, y en el año 1972 descenderían en Venus con el *Venera 8*.

Los objetivos parecían haber cambiado. Ahora los recursos se orientaban hacia la exploración de los planetas cercanos. Esto llevó a los Estados Unidos a intentar ir más lejos de lo que sus competidores habían ido. Júpiter aparecía como el destino codiciado. Fue así que en 1973 lograron el objetivo con el *Pioneer 10*, y en 1974 fue el *Mariner 10* el que llegó a Mercurio y a Venus. Para 1976 descenderían en Marte con el *Viking 1*, que fue la primera nave espacial en buscar vida en otro mundo. En 1977 la *Pioneer 11* haría el primer acercamiento a Saturno.

LAS *VOYAGER I* Y *II*

Cuando en 1977 las sondas *Voyager* fueron lanzadas al espacio, con una diferencia de 16 días entre una y otra, parecía lejano el momento en que llegaran a su objetivo final: los confines del Sistema Solar. Han pasado más de tres décadas y estas viajeras aún siguen sorprendiendo con sus transmisiones. Han realizado exploraciones detalladas de Júpiter y Saturno, y fueron las primeras que llegaron a Urano y Neptuno. Actualmente realizan investigaciones sobre viento solar, campos magnéticos y ondas de radio, entre otras.

En 2009 la *Voyager I* se encontraba a 109,71 ua (unidades astronómicas) del Sol y entraba en la heliopausa, el límite entre el Sistema Solar y el espacio interestelar, convirtiéndose así en el objeto construido por el hombre que había llegado más lejos.

Ambas sondas llevan un disco de oro donde se grabaron sonidos naturales y artificiales de la Tierra y un mensaje del entonces secretario general de las Naciones Unidas. También cuenta con imágenes con coordenadas estelares que ubican el lugar donde se encuentra nuestro planeta. Contiene además saludos en 60 lenguas y muestras de la música de culturas diferentes. Este disco fue ideado por Carl Sagan, perfeccionando el que también a instancias de él llevaran las sondas *Pioneer*. En 1964 España firmó un pacto de colaboración con la NASA por el que la agencia estadounidense instalaba la primera Estación para el Espacio Profundo, luego llamada Complejo de Comunicaciones Espaciales de NASA de Madrid (MDSCC), conocida en España como la Estación Espacial de Robledo de Chavela. Esta estación se viene encargando de un tercio de las comunicaciones de las naves espaciales que componen la flota, entre ellas las de las *Voyager I* y *II*, que continúan transmitiendo sus datos a la Tierra.

DISCO DE ORO que llevan las naves *Voyager*. Contiene datos que aparecen tanto en el exterior como en el interior, para protegerlos del desgaste del tiempo.

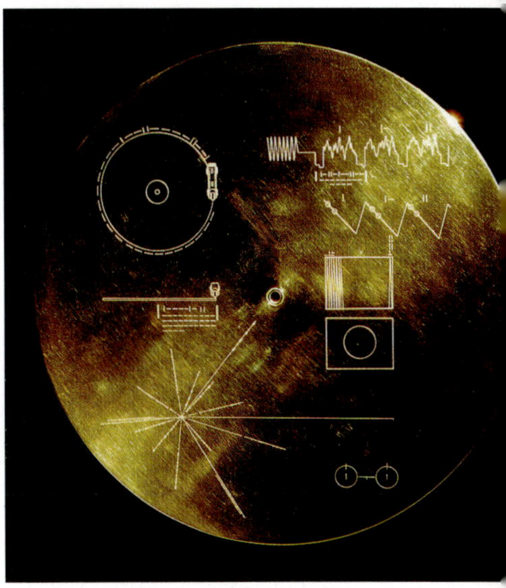

VIAJES ESPACIALES

La navegación por el espacio más allá de la órbita de la Tierra es conocida como astronáutica o cosmonáutica. No fue sino a partir de la segunda mitad del siglo XX que el hombre adquirió las habilidades necesarias para aventurarse más allá de los límites terrestres.

JÚPITE

9 misio

SOL

9 misiones

VENUS

43 misiones

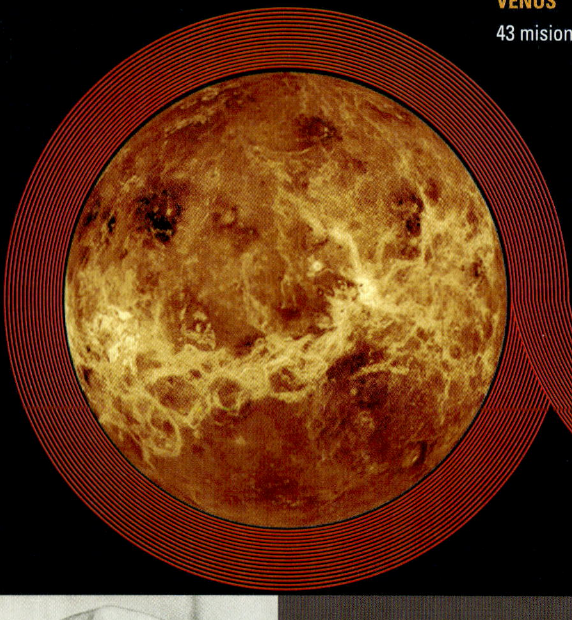

1961

En 1961 la Unión Soviética inauguró los viajes tripulados al espacio. Yuri Gagarin fue el primer hombre de los más de 400 que viajarían hasta la fecha.

2007

El 16 de agosto Japón lanzó el satélite *Kaguya*. El 19 de octubre de 2007 llegó a su órbita y estuvo operativo hast que se le hizo chocar contra l superficie lunar el 10 de junio de 2009.

NEPTUNO
1 misión

MARTE
40 misiones

URANO
1 misión

SATURNO
5 misiones

1997
La MER (*Mars Exploration Rover* o Rover de Exploración de Marte) es una misión que tiene como objetivo explorar el planeta Marte y obtener pruebas de la existencia de agua en el pasado.

LUNA
73 misiones

El nombre del satélite fue elegido por el pueblo japonés en honor de una princesa selenita de un conocido cuento infantil nipón. Japón se adelanta con este vuelo a los programas espaciales de China e India para alcanzar la Luna.

1969
La Luna fue el objetivo a alcanzar en la carrera espacial y los Estados Unidos se quedarían con el preciado trofeo el 21 de julio de 1969, cuando Neil Armstrong y Edwin Aldrin descendieron en el suelo lunar.

TRANSBORDADOR *ATLANTIS* acoplado a la estación espacial rusa *Mir*, primera estación de investigación habitada, desde donde se aprecia una vista de la Tierra.

LOS TRANSBORDADORES ESPACIALES

La exploración espacial en la era post Apolo, como suele llamarse, si bien continuó con el programa Skylab, decayó completamente al no encontrar una clara dirección ni contar con recursos económicos que solventasen las siguientes investigaciones. Mientras tanto la NASA buscaba implementar nuevos y ambiciosos proyectos. Las expectativas comenzaron a centrarse en la creación de una nave reutilizable capaz de poner satélites en órbita y traerlos de nuevo a la superficie terrestre. El futuro proyecto de la NASA apuntaba al objetivo de una enorme estación espacial que fuera trampolín para realizar viajes tripulados a otros planetas.

Se implementaron cuatro transbordadores con capacidad de cien vuelos cada uno: *Columbia, Challenger, Discovery* y *Atlantis*. El vuelo de inauguración fue lanzado en abril de 1981. Durante las misiones se realizaron innumerables experimentos, colocaron satélites en órbita y repararon la sonda *SMM (Solar Maximum Mision)*, que fue el primer satélite reparado en el espacio.

En febrero de 1986 el programa llevaba cinco años y los logros habían consolidado la confianza en el proyecto. El *Challenger* era la segunda nave del programa, ya había completado nueve misiones cuando, después de despegar, explotó dejando atónitos, primero, a todos los que presenciaban el despegue y, luego, cuando se difundió la noticia, al mundo entero.

A partir de entonces la NASA extremó las medidas de seguridad y el programa se retomó en 1988. Sin embargo, en 2003 un desastre aún peor sentaría las bases para el cierre del programa Space Shutle: el 1 de febrero de ese año, la nave *Columbia* explotó al reentrar a la atmósfera, cobrándose la vida de sus siete tripulantes. Años más tarde, la exploración del espacio se retomaría con el lanzamiento del transbordador espacial *Discovery*.

LAS ESTACIONES ESPACIALES

Un par de años antes de que los Estados Unidos pusieran en órbita su estación espacial *Skylab*, los soviéticos ya habían logrado posicionarse nuevamente primeros. En 1971 la *Salyut DOS-1* se transformó en la primera estación espacial de la historia. Los éxitos conseguidos llevaron a la Unión Soviética a continuar con este tipo de programas, y en 1986 comenzó con el ensamblado en el espacio de la estación *Mir* a partir de un diseño mejorado de la anterior. Ya la primera misión obtuvo el primer récord de permanencia en el espacio, 125 días, y fue también la primera en realizar un viaje entre dos estaciones espaciales. Tras acoplar sucesivamente diversos módulos se convirtió en el mayor complejo que haya orbitado alrededor de la Tierra. Durante su permanencia en el espacio contó con la participación de diversos países, entre ellos los Estados Unidos a través del programa Shuttle-Mir, además de ser base de innumerables investigaciones. Después de su declive fue destruida en 2001.

LA *ESTACIÓN ESPACIAL INTERNACIONAL (EEI)*

En la actualidad las misiones de los transbordadores están encaminadas a ensamblar la nueva estación que se está construyendo, un centro orbital que es una iniciativa conjunta de cinco agencias espaciales, de los Estados Unidos, Rusia, Japón, Canadá y la Agencia Espacial Europea. Y aunque todavía se encuentra en construcción, se calcula que estará terminada pronto.

La *EEI* consta de una serie de módulos con laboratorios, comunicaciones, servicios y, lo que es menos corriente, también está preparada para recibir a turistas espaciales, una nueva modalidad reservada por ahora sólo para unos pocos. Ya en 2001 el excéntrico

ATHLETE
es un robot desarrollado por la NASA, la Universidad de Stanford y Boeing, diseñado para realizar tareas complejas en equipo con otros similares a él.

LA NASA EN ESPAÑA

El Madrid Deep Space Communications Complex (MDSCC) de Robledo de Chavela es la única instalación de la NASA en España. El complejo consta en total de seis antenas. Una de ellas (la apodada *Dino*, de 34 m) fue de gran apoyo para el hoy célebre vuelo del *Apolo 11* en 1969 (primera misión tripulada que llegó a la Luna) y para el resto de estas misiones. Según palabras del propio Neil Armstrong: "Sin las vitales comunicaciones mantenidas entre el *Apolo 11* y la estación madrileña de Robledo de Chavela, nuestro aterrizaje en la Luna no habría sido posible".

LA *ESTACIÓN ESPACIAL INTERNACIONAL (EEI)*
contará con vigas de estructuras metálicas que alcanzarán una vez terminada los 110 metros, la mayor estructura construida en el espacio.

millonario Dennis Tito realizó uno de sus sueños, mirar por la escotilla de una nave y ver la Tierra.

Este viaje no contó con el aval de los Estados Unidos, que se negaron a llevarlo a cabo. No ocurrió lo mismo con la Agencia Espacial Federal Rusa, que, previo pago de 20 millones de dólares, escoltó al magnate durante siete días.

EXPLORACIÓN ROBÓTICA DEL ESPACIO

Si bien la exploración del espacio atrae de manera inevitable a los humanos, hasta el punto de que los turistas espaciales son capaces de pagar sumas exorbitantes con tal de subirse a una nave, el futuro de los viajes espaciales parece estar apuntando en otra dirección. Es muy probable que en poco tiempo sean robots los que tripulen las exploraciones, y no seres humanos. Es lo que afirman expertos del Instituto de Tecnología de California, quienes sostienen que el futuro estará en manos de robots. Ejércitos de robots se esparcirán como hormigas por todo nuestro Sistema Solar y como hormigas traerán cuanta piedra encuentren. Se ha pensado en robots au-

TURISMO ESPACIAL

Dennis Tito fue el primer turista espacial, pero no el último. Desde 1998 existe una agencia de viajes espaciales llamada Space Adventures. Tiene su sede en los Estados Unidos y cuenta con más de 50 agentes oficiales en todo el mundo. A pesar del elevado coste de los viajes, de 20 a 100 millones de dólares, la lista de espera es larga. Hasta el momento han participado varios turistas en estos viajes, entre ellos uno de los primeros programadores de Microsoft.
Dentro de los "paquetes turísticos" que ofrece la empresa está un viaje para orbitar la Luna y un paseo espacial. Y esta empresa no es la única: el comercio espacial se ha incrementado y numerosas iniciativas particulares compiten con las agencias nacionales.
Pero no todo es del color que se lo pinta. Después de un arduo entrenamiento, los turistas espaciales deben prepararse para enfrentar los trastornos fisiológicos que estos vuelos acarrean, que van desde simples cefaleas hasta trastornos cromosómicos que pueden llegar a provocar cáncer.

DENNIS TITO, el primer turista espacial de la historia, da una conferencia de prensa. En 2001 logró realizar el sueño de su vida, ser un viajero espacial.

tónomos, con cierta capacidad de pensar por sí solos, y además, capaces de identificar peligros y problemas, y de priorizar objetivos. Estos nuevos robots dirigirán a otros y llevarán a bordo radares, sensores y otros instrumentos que les permitirán tomar decisiones como, por ejemplo, elegir las áreas que investigarán. Los humanos aún necesitamos de agua, comida y oxígeno, aspecto en el que los robots nos llevan la delantera. Además son inmunes a los rayos cósmicos, o por lo menos no los afectan como a nosotros. Otro tema de peso en la preferencia robótica son los años de vida útil que tienen. Quizá cuando ya no quede un humano en todo el Universo ellos sigan haciendo sus tareas de manera aplicada.

TELESCOPIOS Y RADIOTELESCOPIOS

Aunque la fascinación por la exploración del espacio acompaña al ser humano desde tiempos inmemoriales, la humanidad no tuvo siempre la capacidad de cruzar físicamente la frontera de la atmósfera. Cuando aún no existían los dispositivos espaciales de los que disponemos ahora, el ser humano se limitaba a observar el cielo

GUY LALIBERTÉ

El canadiense, fundador de la compañía Cirque du Soleil, se gastó 24 millones de euros en viajar al espacio. Su viaje no fue un capricho, quiso llevar a cabo una "misión social y poética", según sus propias palabras. En el marco de One Drop (una gota de agua), la fundación que creó con el respaldo del ex vicepresidente de los Estados Unidos Al Gore, trató de concienciar sobre el peligro que puede causar la escasez de agua en nuestro planeta.

HASTA DÓNDE LLEGA LO VISIBLE

Las nuevas tecnologías permitirán en la década entrante conocer los confines del espacio-tiempo. Mientras tanto, todos los días se anudan los cabos sueltos de lo que hasta hace muy poco sólo eran conjeturas. Las siguientes imágenes fueron tomadas por el *Telescopio Espacial Hubble*.

1. **Chorro estelar en la nebulosa Carina,** la que posee una de las estrellas más masivas de toda la galaxia (Eta Carinae).
2. **Púlsar que contiene la nebulosa del Cangrejo.** Esta imagen combina datos del *Telescopio Espacial Hubble* (en rojo) y del *Observatorio de Rayos X Chandra* (en azul).
3. **Cúmulo globular M22 en la constelación de Sagitario,** uno de los cúmulos estelares más cercanos a la Tierra, ubicado a una distancia aproximada de 10.600 millones de años luz.

desde la superficie de la Tierra. A lo largo de la historia de la astronomía se construyeron telescopios terrestres en los lugares del planeta en los que el cielo era más cristalino. Pero igualmente, y a pesar de su potencia, la atmósfera interfería, produciendo la llamada aberración óptica, un problema que distorsiona la imagen recibida y no permite observar con total nitidez.

En el pasado cercano los observatorios espaciales vinieron a corregir este defecto, ya que en el espacio la atmósfera terrestre no interfiere. Pero actualmente el desarrollo de la tecnología ha permitido superar los problemas técnicos de la observación terrestre y se está construyendo en Chile el observatorio más grande del mundo. Es un emprendimiento conjunto entre Europa, América del Norte (Estados Unidos y Canadá), Asia del Este (Japón y Taiwán) en cooperación con Chile.

El proyecto radioastronómico ALMA (Atacama Large Millimeter Array) contará cuando se termine con 64 antenas parabólicas de 12 m de diámetro y 70 toneladas de peso. Ubicado en pleno desierto de Atacama, a 5.000 m sobre el nivel del mar, este observatorio insumirá una inversión cercana a los 1.000 millones de dólares y tendrá una resolución diez veces mejor que el *Hubble*, el primer telescopio espacial de la historia.

TELESCOPIO ESPACIAL HUBBLE (HST)

La idea de un telescopio espacial se venía manejando desde la década de 1940, cuando el astrofísico Lyman Spitzer planteó la necesidad de colocar un telescopio por encima de la atmósfera terrestre. Sobre esta base se realizaron algunos proyectos durante 1970 y 1980, como el *International Ultraviolet Explorer*.

Pero la gran apuesta vendría en abril de 1990, cuando fue puesto en órbita el *Hubble*. En un principio las expectativas se vieron defraudadas cuando una serie de defectos no permitieron la observación tal cual había sido proyectada. Hechas las correcciones

1.

2.

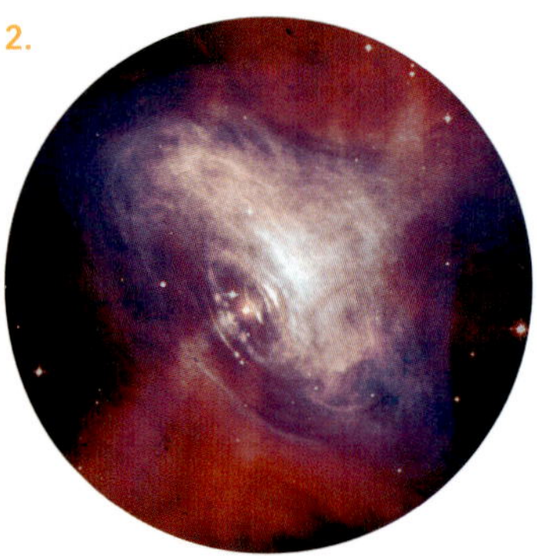

3.

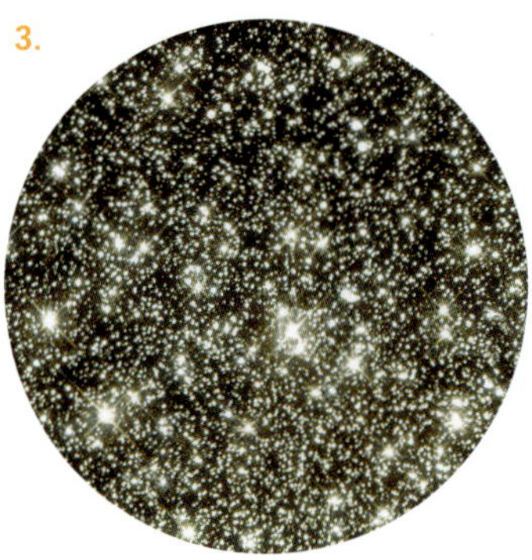

EL *TELESCOPIO ESPACIAL HUBBLE* orbitando la Tierra. La imagen fue tomada desde el transbordador espacial *Discovery* durante una de sus misiones.

EL ATACAMA LARGE MILLIMETER ARRAY (ALMA) es un proyecto de la Organización Europea para la Investigación Astronómica (ESO) juntamente con otros países. Será el observatorio radioastronómico más avanzado del mundo.

del caso, el *Hubble* pasó a la historia, ya que fue el telescopio que hizo más descubrimientos que ninguna otra misión científica. Y aunque se tenía pensado desactivarlo para 2010, "al telescopio se le practicó una transformación extrema, de modo que ahora es significativamente más poderoso y también está bien equipado como para durar toda la próxima década", según palabras de la propia NASA.

GRANDES OBSERVATORIOS

Los Grandes Observatorios son una serie de potentes telescopios espaciales desarrollados por la Nasa. El proyecto permite la interacción de tres telescopios donde cada uno observa un mismo objeto desde su respectiva región del espectro. En un principio era una serie de cuatro telescopios espaciales, incluido el *Hubble*. Pero uno de ellos falló y tuvo que destruirse, los otros dos restantes son: el *Observatorio de Rayos X Chandra (CXO)* y el *Telescopio Espacial Spitzer (SST)*.

E-ELT (TELESCOPIO EUROPEO EXTREMADAMENTE GRANDE)

Si bien en los comienzos de la era espacial los proyectos estaban costeados únicamente por los países que los llevaban adelante, ahora el escenario mundial ha cambiado y las misiones se realizan de manera cooperativa a partir de esfuerzos conjuntos donde se aúna no sólo lo financiero, sino también la tecnología y el conocimiento científico. Esto sucede por ejemplo con el *Telescopio Europeo Extremadamente Grande*, un ambicioso proyecto que ya cuenta con el aval de la Comisión Europea y en el cual se integra el trabajo de cientos de astrofísicos, astrónomos y técnicos de muchos países que participan del proyecto. Las investigaciones estarán enfocadas especialmente hacia exoplanetas y sistemas protoplanetarios, formación y evolución de la estructura a gran escala de nuestro Universo, estructura del espacio-tiempo, y materia y energía oscura. El proyecto comenzó a tomar forma a finales de 2005 y se calcula que para 2018 podrá estar en funcionamiento. Ya está confirmado que el *E-ELT* será emplazado en Chile.

EL *E-ELT (TELESCOPIO EUROPEO EXTREMADAMENTE GRANDE)* tendrá un espejo segmentado de 42 metros de diámetro y un conjunto de sofisticados y poderosos instrumentos que estarán soportados por enormes plataformas laterales.

Índice onomástico

Bibliografía

CLAVES DE LA CIENCIA

Comellas, José Luis: *El Universo,* Salvat Editores, Barcelona, 1991.

Davies, Paul: *El Universo desbocado*, Biblioteca Científica Salvat Editores, Barcelona, 1978.

Feinstein, A. & **Tignanelli**, H.: *Una visita al universo conocido*, Colihue, Buenos Aires, 1994.

Gangui, Alejandro: *El Big Bang. la génesis de nuestra cosmología actual*, Eudeba, Buenos Aires, 2005.

Greene, Brian: *El tejido del Cosmos*, Crítica, Barcelona, 2006.

Greene, Brian: *El Universo elegante*, Planeta, Barcelona, 2001.

Hawking, Stephen: *Black Holes and Baby Universes and Other Essays*, Bantam Dell Publishing Group, Nueva York, 1993.

Hawking, Stephen: *Historia del Tiempo: Del big bang a los agujeros negros*, Grijalbo, Barcelona, 1988.

Isaacson, W.: *Einstein. Su vida y su universo*, Debate, Barcelona, 2008.

Levin, Janna: *Cómo le salieron las manchas al Universo*, Ediciones Lengua de Trapo, Toledo, 2002.

Levinas, M. L.: *Las imágenes del Universo*, Fondo de Cultura Económica, Buenos Aires, 1996.

Magnani, E. y **Moledo**, L.: *Diez teorías que conmovieron el mundo*, Capital Intelectual, Buenos Aires, 2009.

Miller, R. y **Hartmann**, W. K.: *Viaje extraordinario. Guía turística del Sistema Solar*, Planeta, Buenos Aires, 1983.

Poveda, Arcadio y **Herrera**, Miguel Ángel: *Materia oscura en el Universo,* Sirius, Madrid, 1992.

Ridpath, I.: *Diccionario de Astronomía*, Editorial Complutense, Madrid, 1999.

Sagan, Carl: *Cosmos*, Planeta, Barcelona, 1982.

Steinhardt, Paul J. & **Turok**, Neil: *Endless Universe: Beyond the Big Bang*, Doubleday, Nueva York, 2006.

Vilenkin, Alexander: *Muchos mundos en uno: la busqueda de otros universos*, Alba Editorial, Barcelona, 2009.

Sitios web:

http://www.gtcdigital.net/
http://www.iaa.es/revista/
http://www.nasa.gov/
http://www.space.com/
http://www.spacedaily.com/